Jens Bergmann

Business Bullshit

Managerdeutsch in 100 Blasen und Phrasen

Dudenverlag
Berlin

INHALT

SPRECHEN SIE BUSINESS BULLSHIT?
WIE EIN JARGON DIE WELT EROBERTE

Die Wirtschaft versorgt uns nicht nur mit Gütern und Dienstleistungen, sondern auch mit Begriffen, Slogans und Redewendungen, von denen viele inzwischen im allgemeinen Sprachgebrauch angekommen sind. So reden Politiker längst nicht mehr von Dörfern, Städten und Regionen, sondern lieber von Standorten und vom unvermeidlichen Standortwettbewerb. Hochschulen, Behörden und karitative Einrichtungen müssen sich neu aufstellen, um – wenn sie dann gut aufgestellt sind – agil zu agieren und es möglichst zu Exzellenz zu bringen. Dazu braucht es unbedingt auch spezielle Mitarbeiter, nämlich kreative Querdenker. Man sagt nicht mehr: Ich bin Ihrer Meinung. Es heißt: Ich bin ganz bei Ihnen! Nicht: Ich versuche, das Problem zu lösen, sondern: Ich adressiere das Thema. Damit zeitnah, spätestens aber am Ende des Tages alles gut werden kann.

Wie kam es zum Siegeszug dieses sonderbaren Jargons? Wer erfindet, propagiert und verbreitet so etwas? Was ist die Funktion, was die eigentliche Bedeutung all dieser Begriffe? Welche Risiken und Nebenwirkungen sind mit Business Bullshit verbunden? Antworten auf all diese Fragen gibt dieses Buch.

Weil Business Bullshit mittlerweile weit verbreitet ist, können viele Menschen von einer Aufklärung über das Thema profitieren. Nicht allein diejenigen, die sich des Vokabulars bedienen, ohne groß darüber nachzudenken, und nun Gelegenheit bekommen, es zu tun; sondern auch alle anderen, die von ihren Vorgesetzen oder Kollegen am Arbeitsplatz, in der Universität oder im Sportverein mit solchen Redensarten traktiert werden. Sie könnten entspannter damit umgehen, wenn sie wüssten, was dahintersteckt. Darüber hinaus ermöglicht das Buch anhand vieler Beispiele Einblicke in Paradoxien, Widersprüche und die unfreiwillige Komik der heutigen Wirtschaftswelt. Es dient also der ökonomischen Bildung.

Im Folgenden ist das Business-Bullshit-Vokabular farbig markiert. Begriffe, die einen eigenen Eintrag haben, sind zusätzlich durch → gekennzeichnet.

BUSINESS BULLSHIT
EINE ERFOLGSGESCHICHTE

»Es genügt nicht, keinen Gedanken zu haben: man muss ihn auch ausdrücken können.«

Karl Kraus, »Die Fackel«, 1925[1]

Der Philosoph Ludwig Wittgenstein fasste »den ganzen Sinn« seines berühmten, 1921 erschienenen Werks »Tractatus logico-philosophicus« im Vorwort so zusammen: »Was sich überhaupt sagen lässt, lässt sich klar sagen; und wovon man nicht reden kann, darüber muss man schweigen.«[2] Bedauerlicherweise war Wittgensteins Mission kein Erfolg beschieden; Abermillionen Menschen verstoßen tagtäglich gegen sein Gebot. Noch nie waren so viele Worthülsen im Umlauf wie heute – so viele nebulöse Schlagworte (neudeutsch: Buzzwords) und Plastikwörter[3], die alles und nichts bedeuten können.

Im Englischen gibt es eine treffende Bezeichnung für diese Art von Sprachmüll: Bullshit. Wir haben im Deutschen keinen ähnlich starken Ausdruck. Blödsinn, Quatsch oder Humbug treffen es nur ungefähr. Geprägt haben den Begriff britische Soldaten im Ersten Weltkrieg, um sich über Befehle ihrer Offiziere lustig zu machen, die großen Wert auf Äußerlichkeiten wie perfekt sitzende Uniformen und auf Hochglanz gewienerte Schuhe legten – selbst wenn derartiger Drill von überlebenswichtigem militärischem Training abhielt. Damit werden zwei wesentliche Eigenschaften von Bullshit deutlich: Er ist sinnentleert und irreführend.

Während des Zweiten Weltkriegs nannten Angehörige der neuseeländischen Luftwaffe ihr Hauptquartier »Bullshit Castle« – eine Bezeichnung, die Jahrzehnte später der Daimler-Chef Jürgen Schrempp für die von seinem Vorgänger errichtete ungeliebte Konzernzentrale in Stuttgart-Möhringen verwenden sollte. Großunternehmen waren denn auch die entscheidenden Institutionen, in denen sich Bullshit als »soziale Praxis« durchsetzte, wie der Organisationsforscher André Spicer schreibt.[4] »Während des 19. Jahrhunderts entwickelten wir Systeme für Massenproduktion, Distribution und Konsumtion von Gütern. Im 20. Jahrhundert wurden auch Dienstleistungen industrialisiert. Im 21. Jahrhundert ist Bullshit industrialisiert worden.«[5]

Für die Wissenschaft ist Bullshitologie ein relativ neues Forschungsgebiet. Zu den Pionieren zählt der US-amerikanische Philosoph Harry G. Frankfurt. Er vergleicht Bullshit in seinem 1986 im Original erschienenen gleichnamigen Essay mit »achtlos hergestellten, minderwertigen Produkten«[6] und sieht in der »fehlenden Verbindung zur Wahrheit – in dieser Gleichgültigkeit gegenüber der Frage, wie die Dinge wirklich sind – (...) das Wesen des Bullshits«.[7] Bei dieser Definition fällt einem unweigerlich Donald Trump ein, der US-Präsident, der so viel Unsinn verbreitet hat wie kein anderer Staatsmann vor ihm. Es ist bezeichnend, dass Trumps unglaubliche Karriere maßgeblich auf seine Rolle als großspurig auftretender Unternehmer in einer Fernseh-Reality-Show zurückgeht (»The Apprentice«), in der er live Leute feuern durfte – nachdem er mit seinen eigenen Immobilien-Deals eine Reihe spektakulärer Pleiten hingelegt hatte.[8]

Bullshit hat zwar kaum Substanz – so wie Exkremente, denen fast alle Nährstoffe entzogen sind –, aber zahlreiche Funktionen, die ihn nützlich und attraktiv erscheinen lassen. Bullshit …

- hilft dabei, sich wichtig zu machen: Hört her, ich habe den Durchblick, behauptet der Bullshitter. Weil häufig niemand die Mühe auf sich nimmt, nachzufragen oder zu widersprechen, kommt er mit dem Bluff durch.
- ist lukrativ. Zahllose Berater, Coaches, Speaker, Gurus und Jungunternehmer sind im Bullshit-Business tätig. So kam die Risikokapitalfirma MMM Ventures bei einer Analyse von 2830 europäischen → Start-ups – deren Geschäft auf → künstlicher Intelligenz beruhen sollte – zu dem Ergebnis, dass rund 40 Prozent dieser Firmen keine Technik anwenden, die diese Bezeichnung annähernd verdient.[9] Großen Erfolg beim Handel mit leeren Worten hat laut Jeffrey Pfeffer, Organisationsexperte an der Stanford Graduate School of Business, die »Leadership Industry«. Damit sind Seminare, Workshops, Trainings und Konferenzen gemeint, die Managern Führungskompetenz vermitteln sollen. Allein in den USA geben Unternehmen dafür jährlich rund 25 Millionen Dollar aus. Die Leadership Industry hat für ihre Kundschaft ein Standardrezept parat, das sich so zusammenfassen lässt: »Seien Sie vertrauenswürdig und authentisch, dienen Sie anderen (besonders denen, die für Sie und mit Ihnen arbeiten), seien Sie bescheiden und zeigen Sie einfühlsames Verständnis und emotionale Intelligenz.«[10]

Doch dummerweise taugen diese Ratschläge nichts, so Pfeffer. Denn sie beruhen auf einer idealen Unternehmenswelt, nicht auf der realen. So klinge etwa Authentizität – also der Ausdruck wahrer Gefühle – gut, sei aber für Führungskräfte kontraproduktiv. Sie müssten vielmehr auf die Anforderungen der jeweiligen Situation und die Menschen in ihrer Umgebung eingehen: »Jeder von uns spielt eine Reihe unterschiedlicher Rollen in seinem Leben, und die Menschen verhalten sich in jeder dieser Rollen anders und denken anders. Daher hat es keinen Sinn, Authentizität zu fordern.«[11] Dass von den entsprechenden Anbietern so viel »Leadership Bullshit«[12] verbreitet wird, liegt laut Pfeffer auch am Qualifikationsprofil der meisten Berater, Speaker und Coaches. Diese haben entweder nie wirklich eine Führungsposition innegehabt, waren als Chefs erfolglos oder aber geben Tipps, die im Widerspruch zu ihrer früheren Praxis als Manager stehen.

- stärkt das Gruppengefühl durch leeres Gerede. Die Verwendung bestimmter Modebegriffe signalisiert Zugehörigkeit zum Kreis jener Eingeweihten, die wissen, was gerade angesagt ist. Wer das entsprechende Vokabular nicht benutzt, kennt oder gar aus guten Gründen ablehnt, bleibt außen vor.
- ist konsensfähig. Da die Bedeutung der einschlägigen Buzzwords nebulös bleibt, können sich viele darauf einigen. Diese »unklärbare Unklarheit«[13], so der Sozialphilosoph Gerald A. Cohen, immunisiert Bullshit auch gegen Einwände – es ist schwierig, einen Pudding an die Wand zu nageln.
- hilft dabei, Geschäftigkeit vorzutäuschen. In der heutigen Arbeitswelt ist rastlose Aktivität angesagt. Offenkundiger Leerlauf, gründliches Nachdenken ohne powerpoint-taugliches Ergebnis oder gar Mußestunden sind verdächtig. Die Produk-

tion, Konsumtion und Distribution von Business Bullshit sind probate Mittel, um busy zu erscheinen.

- ist leicht zugänglich. Das gilt auch für Begriffe technischen oder wissenschaftlichen Ursprungs wie zum Beispiel → Lernkurve, → Quantensprung, → künstliche Intelligenz, → Big Data oder Blockchain – denn den Hintergrund und die eigentliche Bedeutung muss nicht kennen, wer mitreden will. Im Gegenteil: Ein tieferes Verständnis solcher Begriffe könnte irritieren: nachplappern genügt.
- entlastet. Wer Moden folgt, ist auf der sicheren Seite. Das gilt für neue Kleider wie für leere Worte.
- lässt sich leicht in die Welt setzen. Die Widerlegung von Bullshit ist dagegen viel aufwendiger, weshalb sie oft unterbleibt.
- eignet sich dazu, die eigene Position zu stärken oder zu verteidigen. Führungskräfte wenden bis zu 50 Prozent ihrer Arbeitszeit für diese Zwecke auf – und greifen dabei gern auf einschlägiges Vokabular zurück.
- stärkt die »Inkompetenzkompensationskompetenz«, ein Begriff, den der Philosoph Odo Marquard prägte.[14] In Organisationen neigt man nach wie vor zu Beförderungen nach dem Peter-Prinzip, also dem Aufstieg trotz Unfähigkeit. Dies ist einer der Gründe, weswegen viele Führungskräfte mit ihrem Job überfordert sind, auch in kommunikativer Hinsicht. »Bullshit ist immer dann unvermeidbar«, schreibt Harry G. Frankfurt, »wenn die Umstände Menschen dazu zwingen, über Dinge zu reden, von denen sie nichts verstehen.«[15]
- sorgt für vermeintlichen Durchblick und spendet Trost in einer komplexen, undurchsichtigen Welt nach dem Prinzip: Orientierung durch Desorientierung.

- lässt alte Ideen wie neu erscheinen, Oberflächliches tiefgründig, Unsinn bedeutsam.
- klingt oft angenehm, beruhigend, vielversprechend:
  → gut aufgestellt, → Work-Life-Balance, → am Ende des Tages, → ich bin ganz bei Ihnen.
- erlaubt es, wortreich nichts zu sagen, Unschönes zu beschönigen oder über den Widerspruch zwischen Schein und Sein hinwegzutäuschen.
- ist unverbindlich und wird eher toleriert als offensichtliche Lügen.

Bullshit ist allgegenwärtig und verführerisch: Politiker nutzen Bullshit ebenso wie Managerinnen, ehrgeizige Angestellte, Verbandsfunktionäre, Kirchenleute, Journalisten, Sportlerinnen, Künstler, Wissenschaftlerinnen und Intellektuelle. Wir alle tun es. Dank des weltweiten digitalen Netzes und der sogenannten sozialen Medien war es zudem noch nie so leicht wie heute, jedweden Unfug maximal zu verbreiten.

Eine gesellschaftliche Kraft nimmt bei der Herstellung, Verarbeitung und Verbreitung allerdings eine besondere Rolle ein: die Wirtschaft. Unternehmen sind so etwas wie die Superspreader von Bullshit. Das mag verwundern, gelten Firmen doch als der Effizienz und dem nüchternen Kalkül verpflichtet. Doch das ist erstens ein Mythos, und zweitens gibt es gute Gründe dafür, dass die Wirtschaft so viel Sprachmüll produziert.

Image und Ich: die Tücken der Inszenierung

Werbung gehört seit je zur Ökonomie, denn wer seine Produkte verkaufen will, muss sie anpreisen. Das gilt für Aale-Dieter auf dem Hamburger Fischmarkt genauso wie für multinationale Konzerne auf dem Weltmarkt. Reklame ist ein gigantisches Geschäft. Die globalen Ausgaben dafür lagen laut der Mediaagentur Zenithmedia im Jahr 2018 bei rund 613 Milliarden US-Dollar. Seit 2010 sind sie im Schnitt um 5,9 Prozent jährlich gestiegen – und damit deutlich stärker als das weltweite reale Bruttoinlandsprodukt. Um im allgemeinen Dauerrauschen Aufmerksamkeit zu erreichen, müssen Firmen immer größere Anstrengungen unternehmen.

Mit der Wahrheit hat es die Werbung noch nie so genau genommen. Sie will Lust auf Konsum zu machen, indem sie profane Produkte mit Bedeutung auflädt, ein besseres Leben oder zumindest Distinktionsgewinne verspricht, wie der legendäre Sparkassen-Werbespot aus dem Jahr 1995, in dem der Protagonist einen Angeber – dank einer sogenannten Schlauer-Anlegen-Beratung – mit seinen Besitztümern übertrumpfen kann: »Mein Haus – mein Auto – mein Boot«. Informative Produktwerbung, nicht zu verwechseln mit dem → Content Marketing, ist in Zeiten austauschbarer Produkte die Ausnahme. Ebenso rar ist unterhaltsame Reklame. Stattdessen dominiert aus Mangel an Substanz und Originalität – Bullshit.

Besonders humbughaltig ist sogenannte Imagewerbung. Unternehmen und andere Organisationen belassen es nicht dabei, einfach nur ihre Waren und Dienstleistungen ins beste Licht zu rücken. Sie wollen als Ganzes glänzen. Mit dieser Aufgabe beschäftigen sich in Kommunikationsabteilungen, Werbe- und PR-Agenturen deutlich mehr Personen (mit erheblich höheren Budgets) als in Presse, Funk, Fernsehen und Online-Medien. Die meisten größeren Firmen verwenden viel Mühe auf das Aufhübschen ihrer Fassade beziehungsweise ihrer »Schauseite«, so der Soziologe und Organisationsforscher Stefan Kühl. Allerdings ist eine einigermaßen glaubwürdige öffentliche Inszenierung eine Kunst, die nur wenige beherrschen. Als Faustregel kann gelten, dass der Widerspruch zwischen Schein und Sein nicht allzu groß sein sollte. Friedrich Nietzsche drückte es so aus: »Blas dich nicht auf: Sonst bringet dich zum Platzen schon ein kleiner Stich.«[16]

Etliche Manager sehen das erstaunlicherweise anders. Das krasseste Beispiel lieferte der Ölkonzern BP, der sich Ende der 1990er-Jahre um ein neues Bild in der Öffentlichkeit bemühte. Zunächst wurde das Logo verändert, das nun weniger technisch, dafür mehr wie eine freundliche grüngelbe Sonne aussah. Dazu kam ein neuer Slogan: BP sollte nun nicht mehr für British Petroleum stehen, sondern für *Beyond Petroleum* (»jenseits des Erdöls«). Mit einer schätzungsweise 200 Millionen US-Dollar teuren Kampagne stellte man sich als Firma dar, die mit Riesenschritten in eine grüne Zukunft aufbrach. Das stimmte allerdings nicht. Der Konzern investierte, gemessen am Umsatz, nur lächerliche Summen in erneuerbare Energien und betrieb sein traditionelles Geschäft ohne Rücksicht auf Mensch und Natur weiter – was etliche Skandale nach sich zog. Der Tiefpunkt war im April 2010 erreicht, als die Ölplattform »Deepwater Horizon« im Golf von Mexiko explodierte. Elf Arbeiter starben, 85 Tage lang floss Öl ungebremst ins Meer. Das Desaster kostete den Konzern laut der britischen Tageszeitung *The Guardian* 65 Milliarden US Dollar für Säuberungsarbeiten, Kompensations- und Strafzahlungen. Immerhin hat sich der Slogan *Beyond Petroleum* seitdem erledigt.

Dass Unternehmen anfällig für Kommunikationsunfälle sind, liegt auch an ihrem Führungspersonal. An der Spitze von Firmen stehen meist äußerst selbstbewusste Betriebswirte, Juristen oder Ingenieure, deren kausales Denken sich nur schwer mit der Sphäre der öffentlichen Kommunikation verträgt, wo ganz andere Regeln gelten und Emotionalität eine große Rolle spielt. Aus dieser Gemengelage ergibt sich folgende Formel:

Kommunikatives Unvermögen x (starkes Sendungsbewusstsein + hohe finanzielle Schlagkraft) = großer Bullshit-Ausstoß.

Die vermehrten Investitionen ins Image sind nicht zuletzt Reaktionen auf höhere gesellschaftliche Erwartungen an die Wirtschaft. Diese Ansprüche werden von den Unternehmen – jedenfalls rhetorisch – aufgegriffen, auch um strengere staatliche Regulierung abzuwehren. Mittlerweile gibt es in fast allen Großunternehmen Abteilungen für → Compliance (regelkonformes Verhalten), → Corporate Social Responsibility (gesellschaftliche Verantwortung), → Nachhaltigkeit und Diversity (Vielfalt in der Belegschaft), deren mehr oder weniger segensreiche Tätigkeiten in umfangreichen Berichten dokumentiert werden. Zudem lassen sich Firmen gern als ökologisch und sozial korrekt sowie als vorbildliche Arbeitgeber von entsprechenden Anbietern zertifizieren, um der Öffentlichkeit zu demonstrieren, dass sie nur Gutes im Schilde führen.

»Dem Betrachter«, sagt der Organisationsforscher Kühl, werde ein stimmiges und harmonisches Gesamtkunstwerk präsentiert, »während im Inneren der Organisation improvisiert, gestritten und nicht selten auch gepfuscht wird«.[17]

Die Mitarbeiter und Mitarbeiterinnen der entsprechenden Unternehmen wissen am besten, dass zwischen Schauseite und Realität eine gewaltige Lücke klafft – ganz wie in den besten Familien. Nach außen hin herrscht Friede, Freude, Eierkuchen, intern fliegen die Fetzen. Allerdings – dies markiert eine weitere Eskalationsstufe des Impression Management – werden solche Fassaden oder die sprichwörtlichen Potemkinschen Dörfer mittlerweile auch für die Belegschaften errichtet. Zum Beispiel in Form von Unternehmensleitbildern, -werten oder -kulturen, mit denen sich alle Mitarbeiter im Betrieb beschäftigen und zu denen sie sich bekennen sollen. Als Zweck (neudeutsch → Purpose genannt) moderner unternehmerischer Tätigkeit gilt heute nicht mehr die Steigerung des Shareholder Value (vulgo: Gewinnmaximierung), sondern ein → positiver Beitrag zur Gesellschaft – ohne die nach wie vor geltenden Spielregeln des Kapitalismus infrage zu stellen. Bei → Start-ups gehört die Mission Weltverbesserung zum rhetorischen Standardprogramm.

Diese neuen Anforderungen und Ansprüche machen Unternehmen zu einer idealen Bühne für Blender und Schwätzer, vor allem in Vorgesetztenpositionen. Zwischen ihnen und ihrem unfreiwilligen Publikum gilt ein unausgesprochener Deal: Der Chef tut so, als habe er etwas zu sagen, seine Untergebenen tun so, als hörten sie ihm zu. Mitarbeiter, die ihren Verstand ungern beim Pförtner abgeben, sind von solchem Firmentheater eher unangenehm berührt.

Die Überfrachtung des Wirtschaftslebens mit unrealistischen Ansprüchen spiegelt sich nicht zuletzt in den Stellenanzeigen wider. Darin schmücken Unternehmen auch anspruchslose Jobs in den schönsten Farben aus. Umgekehrt warten die Aspiranten mit dem gesamten Arsenal der heute gewünschten Social Skills auf: von → Teamfähigkeit über → Kreativität bis hin zur → Resilienz. Wer solche Blasen und Phrasen ernst nimmt, ist selbst schuld. Das gilt generell für Business Bullshit.

Der Elefant im Raum: das Unbehagen in der Organisation

Qualifizierte Angestellte genießen heute viele Freiheiten. Die Hierarchien sind häufig flacher, die Entscheidungsspielräume größer geworden. In den meisten Firmen gibt es keine strengen Kleidervorschriften mehr, man duzt Kollegen und Vorgesetze, kann – zumal nach den Erfahrungen der Corona-Pandemie – daheim arbeiten und dem → CEO auf Twitter folgen.[18] Der Mitarbeiter darf mehr Mensch sein als früher, zahlt dafür aber einen Preis. Die psychischen Anforderungen sind höher, die Kommunikation nimmt mehr Raum ein als früher, Zwischentöne und Zwischenmenschliches spielen eine größere Rolle. Nach der beruflichen Funktion rückt nunmehr die Person ins Zentrum des Interesses, was mancher als anstrengend oder übergriffig empfindet.

Zudem ist der oder die moderne Angestellte mit paradoxen Anforderungen konfrontiert. So soll er oder sie

→ kreativ sein – allerdings nur im vorgegebenen Rahmen. Man soll sich als → Intrapreneur, also wie ein Unternehmer im Unternehmen, für den Betrieb einsetzen – obwohl dazu die notwendigen Mittel fehlen und ohne die entsprechende Entlohnung. Angestellte sollen sich mit der ganzen Persönlichkeit in die Firma einbringen – aber die betrieblichen Abläufe möglichst nicht mit Privatangelegenheiten stören. Diese Widersprüche verstärken eine Empfindung, die Torsten Meiffert, Trainer und Coach für Führungskräfte, in Anlehnung an Sigmund Freud als »Unbehagen in der Organisation« bezeichnet. Es resultiere daraus, »dass unsere Persönlichkeit nie mit der Rolle, die wir in Organisationen einnehmen, zusammenfällt«.[19]

Denn Unternehmen, so freundlich sie sich auch geben mögen, verfolgen Ziele, denen sich ihre Mitarbeiter und Mitarbeiterinnen unterordnen müssen. Bei Berufsanfängern lässt sich beobachten, wie hoch diese Anpassungsleistung ist. Jeder und jede Erwerbstätige weiß zudem, dass im Alltag viele Aufgaben anfallen, die wenig Freude bereiten: Routinetätigkeiten, Fehlersuche, Auseinandersetzungen mit Kollegen, Vorgesetzten oder Kunden, Mehrarbeit, sobald irgendwo ein Problem auftritt. Auch kann die Erfahrung kränken, dass es im genuinen Interesse von Unternehmen ist, jeden Mitarbeiter jederzeit ersetzen zu können. Nicht zuletzt wären da noch die Zumutungen der Zwangsgemeinschaft: Um unseren Lebensunterhalt zu verdienen, verbringen wir viel Zeit mit Menschen, die wir uns nicht freiwillig ausgesucht hätten. Man muss, wie in einer Familie, miteinander klarkommen und zudem noch gemeinsam etwas schaffen.

Das Unbehagen in der Organisation war früher Allgemeingut, gern auch in gereimter Form: »Wer Arbeit kennt und danach rennt und sich nicht drückt, der ist verrückt.« Erwerbstätigkeit galt als notwendiges Übel, wenn nicht als Fron. Nur wenige Menschen hatten den Eindruck, sich beruflich verwirklichen zu können. In der postindustriellen Gesellschaft wird dagegen unisono das Idealbild des Genussarbeiters› beschworen, der jeden Tag beschwingt ans Werk geht, Kunden, Kollegen und Vorgesetzte glücklich macht, die Menschheit insgesamt voranbringt und sich im Laufe seiner Karriere immer weiter selbst vervollkommnet.

Je stärker Arbeit idealisiert wird, desto größer die Enttäuschung. Und desto intensiver werden die Anstrengungen des Managements, dieses Unbehagen zu tabuisieren, so Meiffert: »Es darf und soll nicht an die Oberfläche kommen, aus Angst, mehr Verunsicherung zu erzeugen als abzubauen.«[20] Aus diesem Grund verwenden Führungskräfte und ihre für die Kommunikation zuständigen Mitarbeiter heute viel Energie darauf, gebetsmühlenartig allerlei Fabeln zu verbreiten, die das jeweilige Unternehmen als harmonische Großfamilie erscheinen lassen. Zu solchen Mythen zählt der Arbeits- und Betriebspsychologe Wolfgang Grunwald unter anderem:

- »Es wird nur nach sach-rationalen Kriterien entschieden.
- Alle Mitarbeiter und Mitarbeiterinnen werden gleich behandelt und haben die gleichen Chancen.
- Das Topmanagement hat aufgrund seines hervorragenden

› Der Begriff geht auf Max Webers zentrales Werk »Die protestantische Ethik und der Geist des Kapitalismus« von 1904/05 zurück. Darin beschreibt er den Bedeutungswandel der Arbeit im Europa der Neuzeit – vom Zwang zur lebenserfüllenden Aufgabe.

Wissens und seiner exzellenten Fähigkeiten den Überblick und somit alles im Griff.

- Der Mensch steht im Mittelpunkt, nicht das Kapital und der Gewinn.
- Es gibt eine Unternehmensstrategie, und sie ist allen Mitarbeitern bekannt.
- Mitarbeiter der zweiten und dritten Führungsebene können bei wichtigen unternehmerischen Entscheidungen mitentscheiden.
- Es gibt keine ›Seilschaften‹; alle wichtigen Entscheidungen werden transparent getroffen.
- Managemententscheidungen sind rational und strategisch fundiert; es gibt kein muddling through und keinen Versuch und Irrtum.«[21]

Die Psychologisierung der Arbeit

Frederick Winslow Taylor (1856–1915) setzte vor mehr als 100 Jahren die später nach ihm benannte wissenschaftliche Betriebsführung durch. Führungskräfte sollten ihre Untergebenen nicht mehr aus dem Bauch heraus anleiten, sondern – so der Titel seines programmatischen Werks – nach den Prinzipien des Scientific Management. Darunter verstand der Maschinenbauingenieur Taylor die Zerlegung der Arbeitsabläufe in kleinste Einheiten, sodass die Beschäftigten sie ohne geistige Anstrengung in ständiger Wiederholung so effizient wie möglich erledigen konnten. Was wie in welcher Zeit zu schaffen war, ermittelten die Vorgesetzten und machten entsprechende Ansagen.

Der Taylorismus setzte sich mit der Fließbandfertigung weithin durch, stieß aber auf zum Teil erbitterten Widerstand der Arbeiter und erwies sich für viele Unternehmen als weniger profitabel als gedacht. Denn Menschen mögen es nicht, wie willenlose Roboter behandelt zu werden. Außerdem wurden die Leistungsvorgaben häufig so manipuliert, dass sie kaum zu schaffen waren. Durch die strikte Trennung von Kopf- und Handarbeit ignorierte man zudem wertvolles Erfahrungswissen der Beschäftigten.

Gefragt waren daher subtilere Anreizsysteme und Formen der Kontrolle. Dazu bot sich die damals noch relativ junge Disziplin Psychologie an mit ihren zentralen Versprechen, Menschen in den Kopf schauen und sie in die gewünschte Richtung lenken zu können. Neben der Psychotechnik – etwa Auswahlverfahren zur Berufseignung – hielten bereits in den 1930er-Jahren therapeutische Praktiken Einzug in Unternehmen. So bemühten sich psychologisch geschulte Wissenschaftler und Berater, durch Teambuildingmaßnahmen die Laune der Beschäftigten zu heben – und damit die Produktivität zu steigern (siehe Kapitel 5).

Einen Schub erhielt diese Entwicklung durch den Psychoboom der 1970er-Jahre. Er begann in den USA – wo es Ende der 1960er-Jahre bereits 200 therapeutische Schulen gab – und erfasste bald die gesamte westliche Welt. Fast alle dieser Schulen grenzten sich von der akademischen Psychologie ab. Es entstand ein neuer, weitgehend unregulierter Markt mit Angeboten zur Selbsterfahrung und -optimierung mit fließendem Übergang zur Esoterik. Der Psychoboom erreichte mit einiger Verzögerung auch die Firmen, vor allem die Personalabteilungen.[22]

Psychologische Begriffe und Techniken wie → Coaching, → Achtsamkeits- und → Resilienztraining sind heute fester Bestandteil der Wirtschaftswelt. In vielen Firmen erinnern Rituale und Sprache frappierend an Selbsterfahrungsgruppen der 1960er- und 1970er-Jahre. Für die Unternehmen hat die Psychologisierung der Arbeit eine wichtige Funktion: Sie soll die Organisation vor tiefergehenden Fragen schützen, die an ihre Substanz gehen könnten. Aus diesem Grund werden sowohl die Probleme als auch die Lösungen stets im Individuum verortet.

Interessanterweise kommen in Unternehmen sowohl als seriös geltende psychologische Tests, Konzepte und Praktiken zum Einsatz als auch unseriöse wie beispielsweise das sogenannte → Neuro-linguistische Programmieren. Es scheint sogar, als seien Scharlatanerien besonders attraktiv fürs Management.

Welche Folgen das haben kann, schildert der Organisationsforscher André Spicer in seinem Buch »Bullshit Business«[23] anhand eines bemerkenswerten historischen Falls. Aus der Zerschlagung des US-Telefonmonopolisten AT&T im Jahr 1984 waren etliche »Baby Bells« genannte Unternehmen hervorgegangen, unter anderem Pacific Bell in Kalifornien. Das dortige Management sollte die Firma nun konkurrenzfähig machen, sah sie dafür aber noch nicht ausreichend gewappnet. Einen entscheidenden Schwachpunkt erkannte die Führung in der nicht mehr zeitgemäßen Unternehmenskultur: Die Beschäftigten dächten nicht gewinnorientiert, agierten nicht wie → Intrapreneure.

Um das zu ändern, wurde mit Charles Krone ein Spezialist für Organisationsentwicklung angeheuert. Er sollte das → Mindset der rund 70000 Beschäftigten einer Generalüberholung unterziehen. Krone war ein Anhänger des russischen Esoterikers Georges Gurdjieff, der eine radikale Kritik am modernen Menschen und dessen psychischer Verfassung formuliert hatte. Ihm zufolge sind wir willenlose Geschöpfe, die, Schlafwandlern gleich, durchs Leben taumeln. Um uns aus diesem Zustand zu befreien, müssen wir an uns selbst arbeiten und einen höheren Bewusstseinszustand erreichen.

Dieses Konzept übertrug Krone auf die Beschäftigten von Pacific Bell, die sich dank seines »Kroning« genannten, groß angelegten Trainingsprogramms von alten Automatismen lösen und zu neuen Ufern aufbrechen sollten. Ein wesentlicher Bestandteil war eine von den Teilnehmern bald »Kronese« genannte Sprache mit bis dato unüblichen Begriffen wie *alignment* (das Einschwören der Mitarbeiter auf die Unternehmensziele), *end state vision* (Idealvorstellung für die Zeit nach dem → Change-Prozess), *paths forward* (»Wege in die Zukunft«) oder *purposefulness* (bewusstes Verfolgen von Zielen).

Charles Krone und sein Team rüttelten das Unternehmen ordentlich durch. Manch einer fand den Neuanfang spannend, aber es zeigten sich bald auch Nebenwirkungen. So führte der hermetische Jargon dazu, dass man Außenstehenden nicht mehr vermitteln konnte, was bei Pacific Bell eigentlich vor sich ging. Zudem fraßen die zahlreichen → Meetings sehr viel Zeit. Und obwohl das Trainingsprogramm »in eine New-Age-Sprache der psychischen Befreiung verpackt war, wurde es mit den Drohungen eines autoritären Konzerns durchgesetzt«, schreibt Spicer. »Viele Angestellte verspürten unangemessenen Druck, sich an dem Programm zu beteiligen.«[24] Wer sich darüber beschwerte, Kritik übte oder sich weigerte mitzumachen, bekam Ärger.

Für Pacific Bell erwies sich Kronings Programm als teurer Ausflug: Die Firma gab allein in einem Jahr rund 40 Millionen US-Dollar für die psychologische Runderneuerung aus. Diese enormen Kosten, der sonderbare New-Age-Ton und das autoritäre Gehabe führten zu einer Untersuchung durch die kalifornische Kommission für öffentliche Versorgungsbetriebe und zur Beendigung des Programms. Pacific Bell verlegte sich wieder auf konventionelle Methoden der Organisationsentwicklung.

Kroning war gescheitert, Kronese aber triumphierte. Die oben genannten Phrasen wie *end state vision* und *purposefulness* seien heute Paradebeispiele für »die leere Sprache, die in E-Mails und Konferenzräumen von Unternehmen, Behörden und Nichtregierungsorganisationen zirkuliert«, so Spicer.[25] Tatsächlich habe sich der von Charles Krone früh propagierte, unverständliche Managementjargon weithin durchgesetzt.

Es gab allerdings auch eine erfreuliche Nebenwirkung: Einer der Mitarbeiter von Pacfic Bell zu Zeiten von Kroning war Scott Adams. Er entwickelte dort während endloser → Meetings die Comic-Figur Dilbert, die unter dem alltäglichen Wahnsinn des Büroalltags leidet – und in der sich Millionen Fans der Cartoons bis heute wiedererkennen.

Der heißeste Scheiß: Managementmoden

»Die Mode ist des Kapitalismus liebstes Kind: Sie ist aus seinem innersten Wesen heraus entsprungen und bringt seine Eigenart zum Ausdruck wie wenig andere Phänomene des sozialen Lebens unserer Zeit.«[26] Das schrieb der Soziologe und Volkswirt Werner Sombart vor mehr als 100 Jahren, und es gilt nach wie vor. Rasch wechselnde Trends, Vorlieben und Geschmäcker befeuern den Konsum, weil durch sie an sich noch brauchbare Dinge plötzlich gestrig aussehen und Neues her muss – wer will schon altmodisch wirken? Mit Moden lässt sich zudem ein »fiktiver Vorsprung«[27] vortäuschen, wo ein tatsächlicher nicht möglich ist. Trends lassen sich beliebig ausrufen und sind lukrativ für diejenigen, die sich an ihre Spitze setzen.

Das gilt ganz offensichtlich für das Geschäft mit Textilien, aber auch für viele andere Produkte, Dienstleistungen und Kulturtechniken, etwa für Managementkonzepte. Wie Firmen geführt werden, welche Sprache dort gesprochen wird, auch dies unterliegt modischem Wandel. Ein Wissenschaftler, der sich seit Jahrzehnten mit diesem Thema beschäftigt, ist der Ökonom und Organisationsforscher Alfred Kieser. Er hat festgestellt, dass Managementideen kommen und gehen wie Minirock, Hipster-Vollbart oder Arschgeweih.

Deutlich wird das Phänomen in der Rückschau. So war Qualität in den 1980er- und 1990er-Jahren ein großes Thema in der Industrie. Man pries das Total Quality Management (TQM) und die Six-Sigma-Methode, die eine fehlerfreie Produktion ermöglichen sollten. Dafür gab es einen ökonomischen Grund, denn japanische Hersteller punkteten mit zuverlässigen Autos und nahmen europäischen und amerikanischen Unternehmen Marktanteile ab. »Konzepte wie das Total Quality Management waren eine Antwort (…) auf diese Herausforderung«, sagte Kieser in einem Interview mit dem Magazin *brand eins*.[28] Ein zweiter entscheidender Faktor sei soziologischer Natur: Bei TQM und Six Sigma handle es sich um Trends, die auf ähnliche Weise durchgesetzt werden wie Modestile in der Textilindustrie. »Es gibt Modeschöpfer, die den jeweiligen Trend kreieren, und Multiplikatoren, die ihn verbreiten und popularisieren, dazu zählen vor allem Unternehmensberater, aber auch Wissenschaftler, Manager, Sachbuchautoren oder Journalisten. Und es gibt die Kundschaft, die sich Vorteile davon verspricht, mit der Mode zu gehen, ohne sich eigene Gedanken zu machen oder gar Verantwortung zu übernehmen.«[29]

Einer der prominentesten Propagandisten von Six Sigma war Jack Welch, von 1981 bis 2001 Chef von General Electric (GE). Das Magazin *Fortune* kürte ihn 1999 zum »Manager des Jahrhunderts«. Führungskräfte von GE schwärmten davon, dass Six Sigma – eine Methode, bei der es um die Messung und Analyse von Geschäftsvorgängen mit statistischen Methoden geht – zur gemeinsamen Sprache des Mischkonzerns geworden sei. Das *Manager Magazin* schrieb, Welch habe »das Qualitätsdenken bei GE rigoros durchgesetzt, hat mit einer an Besessenheit grenzenden Intensität sichergestellt, dass jeder der 300 000 GE-Mitarbeiter Six Sigma lebt«.[30] Für Jack Welch lohnte sich die Rolle des Managementvordenkers: Er setzte exorbitante Vergütungen sowie Pensionsansprüche durch und »presste das Unternehmen«, so Kieser, »aus wie eine Zitrone«[31].

Heute ist GE nur noch ein Schatten seiner selbst. Alfred Kieser sieht in der Fixierung auf das Qualitätsmanagement eine Ursache dafür, denn das Null-Fehler-Prinzip sei »in gewisser Weise innovationsfeindlich, weil es nur auf bewährte Produkte und Verfahren angewendet werden kann. Wer keinen Fehler machen will, fängt nichts Neues an«.[32] Von Six Sigma redet heute kaum noch jemand: Es ist typisch für solche Trends, dass sie fremd und fragwürdig wirken, wenn die Zeit über sie hinweggegangen ist.

Die Managementmodeschöpfer von heute preisen → Agilität als Konzept der Stunde. Unternehmen sollen ihre Hierarchien schleifen, um mit je nach Anforderung zusammengesetzten Teams blitzschnell agieren und reagieren zu können. Alfred Kieser hält nicht viel von diesem Hype, im Gegensatz zum Qualitätsdiskurs fehle dem schwammigen Begriff → Agilität der reale ökonomische Kern. »Unternehmen sind per se hierarchische Organisationen, es gibt immer jemanden, der letztlich entscheidet, und sei es der Eigentümer.« Wenn Firmen, die hip sein wollten, auf Hierarchien verzichteten, liefe im Zweifel alles auf diese eine Person zu. Wenn etwas passieren sollte, was gegen ihren Willen wäre, würde sie eingreifen. Deshalb, so Kieser, »mühen sich die Mitarbeiter solcher Unternehmen, vor jeder wichtigen Entscheidung herauszufinden, was diese letzte Instanz wohl denken und wollen könnte. Offiziell gibt es keine Hierarchie, in Wahrheit und in den Köpfen aber sehr wohl. Das führt nicht zu Agilität, sondern zum Gegenteil.«[33]

Dass sich auch offenkundig fragwürdige oder kontraproduktive Trends samt der zugehörigen Buzzwords durchsetzen können, ist auf – ganz altmodische – Machtverhältnisse zurückzuführen. »Für Führungskräfte, die beispielsweise in einem Unternehmen arbeiten, das Agilität auf seine Fahnen geschrieben hat, ist es extrem nahe liegend, zumindest so zu tun, als hielten sie das Konzept für sinnvoll«, sagt Kieser. »Sonst müssten sie Nachteile fürchten.«[34]

Meine Arbeit ist sinnlos: Bullshit-Jobs

David Graeber, Ethnologe und politischer Aktivist, der an der London School of Economics lehrte, veröffentlichte im Jahr 2013 in einer kleinen anarchistischen Zeitschrift einen polemischen Aufsatz über das von ihm so genannte Phänomen der Bullshit-Jobs.[35] Zur Überraschung des Autors stieß der Text im Netz auf enorme Resonanz. Es meldeten sich viele Menschen, die von ihrer als sinnlos empfundenen Arbeit berichteten, vor allem Büro- und Verwaltungsangestellte sowie Führungskräfte. Graeber veröffentlichte Zitate aus diesen Online-Antworten auf Plakaten in der Londoner U-Bahn. Dort konnten Pendler auf dem Weg zur Arbeit beispielsweise lesen: »Es ist, als wäre da draußen jemand, der nutzlose Jobs erfindet, nur um uns zu beschäftigen.«[36] Unter dem Hashtag #Bullshitjobs gab es auf Twitter viele weitere Reaktionen. Das britische Meinungsforschungsinstitut YouGov griff das Thema in einer Umfrage auf: 37 Prozent der Teilnehmer gaben an, mit ihrer Arbeit keinen nützlichen Beitrag zur Gesellschaft zu leisten.

Graeber hatte – ähnlich wie Scott Adams mit seiner Comicfigur Dilbert – einen Nerv getroffen. Ein Bullshit-Job ist nach Graebers Definition einer, der so sinnlos ist, dass die Person, die die entsprechende Tätigkeit ausübt, diese nicht vor sich selbst rechtfertigen kann. Sie ist überzeugt davon, dass niemand ihren Job vermissen würde, wenn es ihn nicht mehr gäbe – oder dass dies sogar besser für die Welt wäre. Doch weil die wirtschaftliche Existenz der meisten Menschen von ihrer Arbeit abhängt, können sie solche Wahrheiten nicht offen aussprechen. Sie müssen so tun, als sei ihr Job notwendig, nützlich und wichtig. Dieser Rechtfertigungszwang erzeugt wiederum große Mengen Sprachmüll, sozusagen Bullshit zweiter Ordnung.

Ein wichtiger Multiplikator von Blasen und Phrasen ist das mittlere Management. Die meisten Angehörigen dieser Berufsgruppe sehen ihre Arbeit zwar nicht als sinnlos an, verzweifeln aber oftmals an ihrer Mission impossible: Sie sollen Vorgaben von oben nach unten durchsetzen, was häufig nicht funktioniert, weil das Topmanagement unrealistische Ziele vorgibt oder nicht einschätzen kann, was in der Praxis machbar ist – und sich zudem als beratungsresistent erweist. Die Folgen müssen die Mittelmanager ausbaden: Sie bekommen Druck von oben und von unten und noch Spott dazu. In Vorstandsetagen lästert man gern über die sogenannte Lehm- beziehungsweise Lähmschicht, die angeblich verhindert, dass die eigenen genialen Ideen nach unten durchdringen.

Trost finden ehrgeizige Führungskräfte unterer Hierarchie-Ebenen in Bullshit. Dieser Personenkreis beschäftigt sich am eifrigsten mit gerade angesagten Leadership- oder New-Work-Konzepten, liest die entsprechenden Ratgeber, besucht Konferenzen und ventiliert die einschlägigen Buzzwords. Die Mittelmanager sehen darin eine Chance, sich zu profilieren, und hoffen vergeblich darauf, dass ihnen irgendein Business-Guru einen Ausweg aus ihrer beruflichen Zwickmühle weisen wird.

Wie man ein Vakuum mit leeren Begriffen füllt

Der sonderbare Wirtschaftsjargon hat sich inzwischen weit über sein Kerngebiet hinaus verbreitet. Er kursiert auch in Behörden, Krankenhäusern, Universitäten, Sportvereinen, Nichtregierungsorganisationen, Kirchen, Medien und vielen weiteren Institutionen. Die Bullshit-Expansion begann Anfang der 1990er-Jahre. Der Eiserne Vorhang war gefallen, der sogenannte real existierende Sozialismus sang- und klanglos untergegangen. Mit ihm schienen sich gesellschaftliche Utopien generell überlebt zu haben. Der US-amerikanische Politikwissenschaftler Francis Fukuyama prophezeite in seinem 1992 erschienenen gleichnamigen Buch gar das »Ende der Geschichte«: Fortan würde sich der Liberalismus in Form von Demokratie und Marktwirtschaft ganz von allein endgültig und überall auf der Welt durchsetzen.

Das ideologische Vakuum füllte eine selbstherrlich auftretende Wirtschaftselite mit der Botschaft, dass an ihrem Wesen die Welt genesen solle und der Markt alles regle. Anstelle der politischen Entwürfe von einst, so der Sprachkritiker Roland Kaehlbrandt, trat »der Diskurs der Betriebswirtschaftslehre, des Managements«[37]. Doch dieser Diskurs war den Vordenkern nicht genug. »Statt sich auf Aussagen über das, was man versteht, zu beschränken, sieht man sich genötigt, Aussagen über höhere Sinnfragen zu machen. Dabei kommen dann Visionen heraus oder

Visionäre.« Wirtschaft sei zwar wichtig, aber nicht ausreichend, so Kaehlbrandt, »um einer Gesellschaft Ziele und Werte zu vermitteln. Deshalb die verzweifelte Suche nach neuen Begriffen. Deshalb auch greifen Manager in ihrer Not pikanterweise sogar auf das Polit-Vokabular der Siebzigerjahre zurück, das wieder frei ist, weil es keine Linke mehr gibt. In vielen Unternehmen ist Kulturrevolution ein beliebter Begriff. Interessante Umdeutungen.«[38]

Während in Firmen umgerubelter Agitprop Einzug hielt, → Rebellen und Systemveränderer gefeiert wurden, machten sich andere Institutionen freudig den Wirtschaftsjargon zu eigen. So firmierte das gute alte Arbeitsamt in Arbeitsagentur um. Die Erwerbslosen – die dort in der Regel nicht freiwillig vorsprechen und auch mit keiner zuvorkommenden Behandlung rechnen dürfen – nannte man fortan Kunden. Um Investoren und Touristen buhlende Länder beauftragten Werbeagenturen mit einem zeitgemäßen Nation Branding. An Arbeitslose erging die Aufforderung, als Ich-AG Unternehmer ihrer selbst zu werden. Und ein gestandener Kirchenmann wie der Hamburger Hauptpastor Axel Denecke beschrieb seine Tätigkeit auf einmal so: »Ich bin Dienstleister im geistlichen Sinn und konkurriere mit anderen Anbietern auf dem Markt für Sinn-Angebote.«[39]

Die Begeisterung für die Marktwirtschaft hat sich nach der im Jahr 2007 einsetzenden Weltfinanzkrise – dem Beinahe-Super-GAU des Kapitalismus – gelegt und ist aufgrund der Corona-Pandemie, deren ökonomische Folgen nur durch beispiellose staatliche Interventionen gemildert werden konnten, noch weiter abgeebbt. Doch der Business Bullshit hat diese Krisen ohne Beulen und Kratzer überstanden; er gibt sich quicklebendig und setzt sich selbst in Institutionen mit eigener Fachsprache wie dem Militär durch. So bezeichnete der Brigadegeneral Markus Kreitmayr, Kommandeur des Kommandos Spezialkräfte (KSK) der Bundeswehr, die skandalumwitterte Truppe in lupenreinem Managerjargon als »strategisches Asset«.[40]

Selbst in traditionsreichen Lehranstalten herrscht heute ein sonderbarer Ton. So preist sich die Schule Liebefeld Steinhölzli in der Berner Gemeinde Köniz in ihrem »Leitbild«[41] als »Unternehmen« an. »Wie in jedem Betrieb«, heißt es dort, »bilden die Produktionsfaktoren die Grundlage für die Prozesse und damit für die angebotenen Produkte. Eine Besonderheit des ›Betriebs‹ Schule besteht darin, dass die Schülerinnen und Schüler einerseits die Kunden sind, andererseits aber auch zu den Produktionsfaktoren gehören, die maßgeblich auf die Prozesse und Produkte Einfluss nehmen können. (...) ›Wir produzieren Qualität‹ lautet der Leitsatz, ein Konzentrat unserer Überlegungen und unser oberstes Ziel. Natürlich bezieht sich dieser Anspruch auf unsere Produkte.«

In zumindest einem Fall scheint das Qualitätsversprechen, nimmt man das humanistische Bildungsideal als Maßstab, katastrophal fehlgeschlagen zu sein. Denn einer der Schüler beziehungsweise »Produktionsfaktoren« der Schweizer Schule war Kim Jong-un[›], der für sein rücksichtsloses Sozialverhalten bekannte Diktator Nordkoreas.

› Kim Jong-un besuchte die Schule von 1998 bis 2001 unter dem Decknamen Un Pak. Die Schweizer *Sonntagszeitung* enthüllte 2012 seine wahre Identität. Sie hatte eine biometrische Untersuchung anhand eines Schulfotos in Auftrag gegeben. Diese kam zu dem Ergebnis, dass es sich bei dem Jungen mit 95-prozentiger Wahrscheinlichkeit um Kim Jong-un handelte. Über den Fall berichtete unter anderem der *Tagesanzeiger*: https://www.tagesanzeiger.ch/sonntagszeitung/wie-kim-jonguns-schweizer-eltern-in-die-usa-fluechteten/story/11856287 (abgerufen am 07.09.2020).

Business Bullshit ist mittlerweile so übermächtig, allgegenwärtig und selbstverständlich geworden, dass der Jargon kaum hinterfragt wird. Darum soll es in den folgenden Kapiteln anhand von 100 einschlägigen Begriffen, ihren Funktionen und ihrer Geschichte gehen.

1

IMPONIERVOKABULAR
MEHR SCHEINEN ALS SEIN

Klappern gehört seit je zum Geschäft. Doch es fällt auf, dass bestimmte Begriffe auch jenseits von Werbung und PR gern genutzt werden, um Eindruck zu schinden – ohne Rücksicht auf den Sinn. Bemerkenswert ist zudem, dass in Unternehmen und anderen Organisationen, die sich eigentlich durch originelle Produkte und Konzepte voneinander unterscheiden sollten, durchgängig dasselbe Angebervokabular verwendet wird. Das weist auf die eigentliche Funktion des Imponierjargons hin: Er soll von der eigenen Unsicherheit ablenken.

AUFSETZEN

»Man gebrauche gewöhnliche Worte und sage ungewöhnliche Dinge«, empfahl einst der Philosoph Arthur Schopenhauer. Business People gebrauchen dagegen gern gewöhnliche Worte in einem ungewöhnlichen Zusammenhang. Dazu zählt das Verb »aufsetzen«. Topmanager setzen nämlich nicht etwa Tee, Kartoffeln oder einen Hut auf, sondern einen Versicherungsvertrieb, Online-Shop oder ein Mitarbeiterbeteiligungsprogramm. Und reklamieren für sich mit einem gewöhnlichen Wort eine ungewöhnliche → Performance.

AUSROLLEN

Unsereins rollt Teppiche aus, Brot- oder Kuchenteig. Wirtschaftsgrößen wie Hans van Bylen drehen ein größeres Rad: »In der Klebstoff-Sparte«, so verriet der Henkel-Chef, »suchen wir als Marktführer nach neuen Technologien, die wir dann global ausrollen können.«[42] Herbert Diess, Vorstandsvorsitzender der Volkswagen AG, wies die Konkurrenz folgendermaßen in die Schranken: »(...) Tesla ist ein fokussiertes, kleines Unternehmen, Volkswagen ist groß und weltweit, wir haben Vorteile beim Skalieren und Ausrollen von Geschäften.«[43] Kann man Technologien und Geschäfte ausrollen? Wieso verwenden die beiden Manager einen gängigen Begriff in einem Zusammenhang, in dem er wenig Sinn ergibt? Warum sagen sie nicht einfach: Wir führen neue Verfahren und Produkte gleichzeitig in verschiedenen Ländern ein?

Weil das lahm rüberkäme, weil ausrollen tatkräftiger – um nicht zu sagen → proaktiver – klingt, weil ein Rollout suggeriert, dass alles rund laufen werde (was im Geschäftsleben allerdings nur selten vorkommt). Daher werden die Mover and Shaker in den Chefetagen es weiter rollen lassen.

BENCHMARK

Managerdeutsch für: der Klassenbeste. Wird gern auch zum Zweck der Eigenwerbung verwendet. So sagte beispielsweise Roland Werner, Vorstandsvorsitzender der Modeschmuck-Kette Bijou Brigitte, über seine Firma: »Wir sind Benchmark in Deutschland und Europa.«[44] Das Gleiche nimmt Karl-Heinz Rummenigge, Vorstandsvorsitzender der FC Bayern München AG, für seine Kicker in Anspruch: »Wir sind jetzt die Benchmark in Europa.«[45] Überraschenderweise gilt das selbst für die Deutsche Bahn, so Wolfgang Jäger, Professor für Betriebswirtschaftslehre – allerdings nicht im Hinblick auf die Pünktlichkeit, sondern in Sachen Personalmanagement.[46]

Populär geworden ist der Begriff durch das Benchmarking, eine Managementmethode, die in den 1990er-Jahren die Wirtschaftswelt erfasst hat. Die Idee: Man schaut sich Produkte, Dienstleistungen, Prozesse und Methoden der jeweils besten Unternehmen an, vergleicht sie mit den eigenen und schließt dann die Benchmarkinglücke zum Klassenbesten. Klingt gut, hat aber bei näherer Betrachtung mehrere Haken. Zum einen lassen sich all diese Aspekte unternehmerischer Tätigkeit nicht ohne Weiteres vergleichen und die Ergebnisse übertragen. Zum anderen ergäbe sich, selbst wenn dies gelänge, kein Wettbewerbsvorteil daraus, dem Platzhirsch nachzueifern: »Es erscheint eher unwahrscheinlich, dass eine 1:1-Kopie ihr Original übertrifft«, schreiben die Wissenschaftler Peter Walgenbach und Cornelia Hegele in einem Artikel zu dem Thema.[47]

Trotz der offensichtlichen Schwäche der Methode setzte sie sich weltweit durch. Die Aussicht auf Erfolg durch Orientierung an einer – wie auch immer ermittelten – Benchmark erschien vielen Managern unwiderstehlich. Es ersparte ihnen die Mühe, eigene Überlegungen anzustellen.

Erstaunlicherweise spielten auch diejenigen Unternehmen mit, die selbst als Maßstab galten. So erhielt der damals als hoch im Kurs stehende Halbleiterhersteller

Texas Instruments in den 1990er-Jahren jährlich ungefähr 10 000 Benchmarking-Anfragen anderer Firmen, denen zum Teil auch entsprochen wurde. Wieso trieb das Unternehmen solchen Aufwand und ließ sich von fremden Managern in die Karten schauen? Weil, so der Schluss von Walgenbach und Hegele, den Texas-Instruments-Leuten offenbar klar war, dass ihre Methoden – wenn überhaupt – nur mit großen Schwierigkeiten und erheblicher Zeitverzögerung von Konkurrenten zu kopieren wären. Und weil allein der Ruf, Klassenbester zu sein, eine enorme Werbewirkung hatte.

Mittlerweile ist die Benchmarking-Manie etwas abgeflaut, sie wurde von anderen Management-Hypes abgelöst. Der Unternehmenslenker von heute hat keine Zeit mehr für umständliche Methoden der Konkurrenzbeobachtung. Er stürmt → agil voran ins Ungewisse. Der einzige Maßstab, an dem er sich orientiert, ist er selbst.

BIG DATA

Der Begriff tauchte in Wirtschaft und Wissenschaft erstmals in den 1990er-Jahren auf. 2001 machte ihn Douglas Laney, damals Analyst bei der Beratungsfirma Meta Group, mit der einprägsamen Drei-V-Definition einem größeren Fachpublikum bekannt. Demnach produziert die Menschheit im digitalen Zeitalter riesige Mengen (*volume*) Daten in vielen verschiedenen (*variety*) Formaten, und die Datenmenge nimmt mit großer Geschwindigkeit (*velocity*) zu.

Heute gilt Big Data als Schlüssel für unternehmerischen Erfolg: Wer nur fleißig terabyteweise Informationen sammle und mithilfe von Algorithmen auswerte, der finde auch den Stein der Weisen, so das Mantra der Big-Data-Apologeten. Wer sich dem Trend aber verweigere und technisch nicht entsprechend aufrüste, sei zum Scheitern verurteilt.

In der Praxis beeindruckt Big Data allerdings bislang eher wenig. Die großen Datenstaubsauger des Internets wie Google und Facebook sind gut darin, bestimmte Personengruppen für Werbetreibende zu identifizieren und damit viel Geld zu verdienen. Autoritäre Staaten wie China nutzen Big Data zur Überwachung der Bevölkerung. Wirklich nützliche, bahnbrechend neue Erkenntnisse dank Big Data stehen dagegen aus. Bemerkenswert ist zudem, dass Geheimdiensten häufig wesentliche Entwicklungen entgehen, obwohl – vielleicht auch weil – sie so viele Informationen zusammentragen wie kaum eine andere Institution. So wurde die CIA vom Fall des Eisernen Vorhangs ebenso überrascht wie von den Terroranschlägen am 11. September 2001 – obwohl der Dienst über verschiedene Informationen verfügte, die auf einen solchen Angriff hindeuteten. Sie sind aber nicht zusammengefügt und richtig interpretiert worden.

Generell gilt: Wer viele Daten sammelt, der sammelt auch viel Datenmüll. Außerdem sind Algorithmen nicht in der Lage, Kausalitäten zu erkennen, das heißt, die Beziehung zwischen Ursache und Wirkung. Sie liefern lediglich Korrelationen, also bestimmte statistische Zusammenhänge, die auch in die Irre führen können. Der Nutzen digitaler Technik ist, dem Hype um Big Data und → künstliche Intelligenz (KI) zum Trotz, eben doch beschränkt. Der Physiker und Kabarettist Vince Ebert brachte das einmal so auf den Punkt: »Computer rechnen, Gehirne verstehen.

Einen guten Freund aus 60 Metern von hinten zu erkennen, das fällt uns leicht. Ein Computer kann das nicht. Der hat keinen guten Freund. Dafür kann er blitzschnell 73 mit 26 multiplizieren. Ein Mensch, der das kann, hat meistens auch keinen guten Freund.«[48]

BIG PICTURE

Das große Bild; eines der liebsten Buzzwords von Unternehmensberatern, die gegenüber Kunden von sich behaupten, stets den Überblick über das Große und Ganze zu haben. Der Begriff hat eine ähnliche Funktion wie die in Esoterikerkreisen beheimatete sogenannte ganzheitliche Sichtweise: Er soll Überlegenheit ausstrahlen. Wer in der Lage ist, Phänomene – wie auch immer – ganzheitlich zu betrachten beziehungsweise das Big Picture zu erkennen, der hebt sich von gewöhnlichen Menschen mit stark eingeschränktem Horizont ab. Eine weitere Gemeinsamkeit: Was genau nun das Ganze oder das Big Picture sein soll, bleibt häufig unklar. Umso lobenswerter die Continental AG – der Autozulieferer mit Hauptsitz in Hannover bot in einer Stellenbeschreibung für interne Unternehmensberater folgende griffige Definition an: Diese Mitarbeiter hätten bei ihrer Consultingtätigkeit »das ›Big Picture‹ immer fest im Blick: Die Wettbewerbsfähigkeit unseres Unternehmens zu sichern«.[49]

CEO

Moderne Bezeichnung für den einstigen Vorstandsvorsitzenden mit drei Vorzügen: englischer, schneidiger, kürzer – die Wirtschaftswelt liebt Akronyme. Neben dem CEO (Chief Executive Officer) als Chef vom Ganzen wären da unter anderem noch der CFO (Chief Financial Officer, früher Finanzvorstand), der CHRO (Chief Human Resources Officer, früher Personalvorstand), der CMO (Chief Marketing Officer, früher Marketing- und Vertriebsvorstand), der CTO (Chief Technical Officer, früher Chefingenieur) und der CIO (Chief Information Officer, früher EDV-Leiter). Wirklich visionäre Firmen leisten sich einen Chief Visionary Officer (CVO), und nahezu revolutionär ist der Einsatz eines für schöpferische Zerstörung zuständigen Chief Disruption Officers (CDO). So viele Offiziere bevölkerten die deutschen Chefetagen schon lange nicht mehr.

CHANGE

»Jedem Anfang wohnt ein Zauber inne«, dichtete einst Hermann Hesse. Solche Empfindsamkeit ist dem Change-Manager fern: Er treibt rastlos Neuanfänge voran, nicht weil er will, sondern weil er muss, denn die Welt dreht sich heute so schnell wie nie zuvor; so jedenfalls die Fama. In Wahrheit waren beispielsweise die Umwälzungen zu Zeiten der zweiten industriellen Revolution vor mehr als hundert Jahren – die der Menschheit Elektrizität, Automobilität sowie den Kinofilm bescherte – viel einschneidender als die heutigen Umbrüche. Aber der Aufbau einer Drohkulisse (»Wer sich nicht verändert, der wird verändert!«) ist ein beliebter Trick von Unternehmensberatern,

Coaches und Autoren von Managementratgebern, um ins Geschäft zu kommen.

Mit Erfolg: Heute gibt es eine Veränderungsindustrie, die sich mit nichts anderem beschäftigt als mit Change. Interessanterweise wird Veränderung sowohl als unumgänglich als auch durchweg positiv dargestellt, obwohl jeder Mensch mit Lebenserfahrung weiß, dass die Dinge sich auch zum Schlechteren wenden können. Für Veränderungsprozesse in Unternehmen gilt das allemal, denn drei Viertel aller Change-Projekte scheitern, hat die Beraterfirma Mutaree ermittelt.[50] Das geht an den Mitarbeitern nicht spurlos vorbei, viele sind zermürbt vom permanenten und oft fruchtlosen Umbau ihrer Organisation.

Die Berater von Mutaree – die selbst am Change-Management verdienen – empfehlen deshalb, was auch Politiker nach verlorenen Wahlen gern äußern: Künftig sollte man die Leute besser informieren und einbinden. Was die Propagandisten des permanenten Change nicht erwähnen: Auch Veränderungsverweigerung kann erfolgreich sein. Denn wenn alle demselben Trend hinterherlaufen, ist es womöglich klüger, an seinem Platz zu bleiben und die anderen rennen lassen. So jedenfalls hat es die Flensburger Brauerei Emil Petersen gemacht. Als die Branche in den 1970ern im ganzen Land auf leichter zu verarbeitende Kronkorken umstellte, hielt man beim Flensburger Pilsener aus norddeutscher Dickköpfigkeit am altmodischen Bügelverschluss fest, der so schön ploppt. Damit verschaffte man sich ein bemerkenswertes Alleinstellungsmerkmal, neudeutsch: USP (Unique Selling Proposition).

DISRUPTION

Traum eines jeden Entrepreneurs, der – allein durch seine Weitsicht und Schaffenskraft disruptiven → Technologien zum Durchbruch verhilft, Märkte erobert und bräsige Traditionsfirmen überrollt. Die Grundidee stammt von dem österreichischen Ökonomen Joseph Schumpeter (1883–1950), der damals noch poetisch von schöpferischer Zerstörung sprach und damit das Bild eines idealisierten Wettbewerbs zeichnete. Demnach stechen kreative Unternehmer ihre Konkurrenten aus; die Gesellschaft profitiert durch immer bessere Produktionsverfahren und Waren von diesem Prozess.

Den Begriff »Disruption« brachte 1997 Clayton Christensen, Professor für Betriebswirtschaft an der Harvard University, mit seinem Buch »The Innovators Dilemma« ins Gespräch. Seine Kernthese war: Etablierte Unternehmen scheitern, weil sie das Potenzial neuer Techniken nicht erkennen können. Als Paradebeispiel gilt Kodak. Der mehr als hundert Jahre alte Hersteller von Filmen und Fotoausrüstung ging 2012 pleite, weil er die Digitalisierung verschlafen hatte.

Später machte der Begriff Karriere im Silicon Valley und wurde zum Buzzword inflationiert. Disruptive → Technologien zählen heute zum Standardrepertoire von → Start-ups, die potenzielle Geldgeber beim Pitch – also der Präsentation ihres Geschäftsmodells – mit aufgeblasenen Versprechungen beeindrucken wollen. Ihre großen Vorbilder sind Amazon, Alibaba, Apple, Airbnb, Uber & Co, Unternehmen also, die in jüngerer Zeit tatsächlich Märkte verändert haben. Dies allerdings nicht allein wegen ihrer genialen Vordenker, sondern auch dank enormer Mengen an Venture Capital, einem rücksichtslosen Umgang mit Mitarbeitern, Lieferanten oder Geschäftspartnern, zweifelhaften Methoden zur Kundenbindung und ebensolchen Steuersparmodellen.

All dies lässt die Disruption wenig sympathisch erscheinen. Sie eignet sich aber gut, um etablierten Firmen Furcht und Schrecken einzujagen. Dazu trägt womöglich auch der »Disruptability Index« der Unternehmensberatung Accenture bei, aus dem sich ablesen lässt, dass »fast zwei Drittel der großen Unternehmen (63 Prozent) heute bereits von Disruption betroffen sind«. Die gute Nachricht: »Disruption muss keine Gefahr darstellen. Führungskräfte können die Disruption für sich nutzen. Wenn sie es schaffen, daraus Wert für ihr Unternehmen zu generieren – durch Offenheit, Schnelligkeit und Kreativität.«[51]

Das sind recht allgemeine Hinweise, Konkreteres verraten die Consultants nur gegen Honorar.

DNA

In der Biologie Abkürzung aus dem Englischen für Deoxyribonucleic Acid, auf Deutsch Desoxyribonukleinsäure (DNS). Im Wirtschaftsjargon spricht man gern von DNA im Sinne der einzigartigen und unverwechselbaren Essenz eines Unternehmens oder einer Marke. Im Falle der Salzgitter AG ist dieser Kern besonders hart, wie deren → CEO Heinz Jörg Fuhrmann betonte: »Stahl ist unsere DNA und wird es auch bleiben.«[52] Einen ebensolchen Treueschwur legte Mirnes Huskic ab, Geschäftsführer von Schiller Fleisch, einem Zerlegebetrieb in Bad Vilbel: »Premium-Rindfleisch aus Deutschland ist nun mal unsere

DNA.«[53] Ähnliches könnte man auch vom weltweit größten Burgerbrater vermuten – wenn uns Susan Schramm, Chief Marketing Officer von McDonald's Deutschland, nicht verraten hätte: »Das Thema Familie liegt in der DNA unserer Marke.«[54]

Das hochtrabende Sprachbild soll Eindruck machen, zeugt allerdings eher von mangelnden Kenntnissen der Biologie, genauer der Genetik. Denn bei der DNA handelt es sich um ein Molekül, in das ein genetischer Code eingeschrieben ist: Dieser ist der Bauplan zur Konstruktion eines lebendigen Organismus. Die DNA ist also lediglich das Speichermedium, nicht die Information, auf die es ankommt. Allerdings ist Inhaltsleere symptomatisch für dieses Geschwätz – insofern ist die Metapher doch wieder passend.

INDUSTRIE 4.0

Der Begriff wurde von Beratern der Bundesregierung geprägt und soll aller Welt zeigen, dass der → Standort Deutschland *up to date* ist. Gemeint ist mit Industrie 4.0 die voll vernetzte Fabrik, in der jede Maschine und jedes Werkstück mit dem Internet verbunden ist – Stichwort Internet der Dinge. Idealerweise soll es so laufen: Der Kunde bestellt online die Ware, der Auftrag wird an die Fabrik übermittelt, wo, wie von Geisterhand gesteuert, ein vollautomatischer Produktionsprozess abläuft und das Produkt zuletzt ausgeliefert wird. Arbeiter sind in der smarten Fabrik nicht mehr nötig.

Der Begriff »Industrie 4.0« knüpft an die Versionsnummern von Computerprogrammen an und soll suggerieren, dass wir uns mitten in der vierten industriellen Revolution befinden. In Wirklichkeit schreitet der technische Fortschritt insgesamt nur langsam voran, weshalb es ein eklatantes Missverhältnis gibt zwischen der Zahl der Konferenzen, in denen die Industrie 4.0 angepriesen wird, und der Zahl der Firmen, die auch nur annähernd smart arbeiten. Vermutlich hat das außerhalb der Kernzielgruppe weitere Player ermuntert, sich der Floskel zu bemächtigen. So dürfen wir uns mittlerweile auch an Oberfranken 4.0, Krankenhausmarketing 4.0 und WC 4.0 erfreuen.

KEYNOTE

Deutsch für »Eröffnungsvortrag«. Wer ihn hält, darf sich Keynote Speaker nennen und ist wichtig, jedenfalls wichtiger als gewöhnliche Speaker. Der Keynote wird große Bedeutung beigemessen, obwohl das Publikum in der Früh häufig noch schläfrig ist – oder vom vorabendlichen Networking Dinner verkatert – und daher wenig vom Eröffnungsvortrag mitkriegt. Erschwerend kommt hinzu, dass man in Wirtschaftskreisen dazu neigt, Keynoter und Keynoterinnen nach ihrer Stellung in der Hierarchie und nicht anhand ihrer rhetorischen Fähigkeiten auszuwählen. So treten bei derartigen Veranstaltungen gern → CEOs auf, die fahrig durch die von ihren Assistenten vorbereiteten Powerpoint-Präsentationen führen, während man im Publikum krampfhaft versucht, das Gähnen zu unterdrücken.

Weil die Zahl der Branchentreffen, Konferenzen, Business Summits, Awards et cetera bis zur Corona-Krise immer weiter zunahm, stieg auch die Nachfrage nach Keynote- und einfachen Speakern. Das wiederum war die Geschäftsgrundlage für Agenturen, die die Auditorien, Bühnen und Podien der Republik mit Rednern, Moderatoren und Diskutanten bestücken. Manche Speaker lebten voll und ganz von dieser Tätigkeit, weshalb sie über ihr eigentliches Fachgebiet nichts Neues mehr zu sagen hatten, dies aber auf professionelle Weise. Als Folge der Pandemie verzeichnete das Event-Business starke Verluste, auch Online-Konferenzen sind kein wirklicher Ersatz. Für diejenigen, die für den Fall, dass sie nach der Zwangspause als Keynote Speaker angefragt werden, schon mal eine Präsentation vorbereiten wollen, bietet sich Apples Alternative zu Powerpoint an mit dem vielversprechenden Namen: Keynote.

KÜNSTLICHE INTELLIGENZ (KI)

Wir Menschen sind potenziell kluge Geschöpfe, tun uns aber mit dem Verständnis eben dieser Fähigkeit schwer. So gibt es bis heute in der Psychologie – zu deren → Kerngeschäft Intelligenztests zählen – keine Einigkeit darüber, was Intelligenz eigentlich ist. Die Fachvertreter einigten sich deshalb auf eine wenig überzeugende Definition in Form eines Zirkelschlusses: Intelligenz ist, was Intelligenztests messen. Pointierter gesagt: Wir wissen nicht, was es ist, aber wir können es messen.[55]

Daran krankt auch das Konzept der künstlichen Intelligenz (KI). Geprägt hat den Begriff der US-amerikanische Programmierer John McCarthy im Jahr 1956. *Artificial Intelligence* sollte die Überzeugung zum Ausdruck bringen, dass Maschinen irgendwann in der Lage sein würden, die kognitiven Fähigkeiten von Menschen zu simulieren, zum Beispiel das Verständnis von Sprache. Das Programm, das diesen Eindruck erstmals glaubhaft vermittelte, war ELIZA. Der Informatiker Joseph Weizenbaum entwickelte es 1966. Die Menschen, die es testeten, konnten per Tastatur Sätze eingeben, auf die dieser erste Chatbot der Welt antwortete.

Als besonders erfolgreich erwies sich ein »Doctor« genanntes Script zur Simulation eines therapeutischen Dialogs. Weizenbaum parodierte damit die von Carl Rogers erfundene Gesprächspsychotherapie, die im Wesentlichen darin besteht, Aussagen des Klienten mit anderen Worten zu wiederholen. Weizenbaum war frappiert über die Wirkung seines aus heutiger Sicht simplen Programms. Etliche seiner Probanden waren überzeugt, dass ELIZA sie wirklich verstehen könne, selbst nachdem Weizenbaum ihnen die Regeln erläutert hatte, denen die Software folgte. Seine Sekretärin soll ihn sogar darum gebeten haben, den Raum zu verlassen, weil sie sich allein mit ELIZA »unterhalten« wollte. Die Frau projizierte menschliche Eigenschaften auf den Computer. Schon damals wurde deutlich, dass bei dem Phänomen künstliche Intelligenz Zuschreibungen und Fantasien eine große Rolle spielen.

Es dauerte noch einige Jahrzehnte, bis KI zum Topthema in Wirtschaft und Gesellschaft wurde. Tatsächlich kann Technik mittlerweile dank enorm gesteigerter Rechnerleistung, verbesserter Sensoren sowie riesiger Datenmengen (→ Big Data) erstaunliche Dinge: Schach- und Go-Weltmeister schlagen, Texte in alle Sprachen übersetzen, Tumorerkrankungen anhand von Bildern erkennen und vieles mehr. Aber es handelt sich nach wie vor um Maschinen, die von Menschen vorgegebenen Handlungsvorschriften (Algorithmen) folgen. KI hat weder ein Bewusstsein, noch kann sie die Bedeutung dessen verstehen, was sie tut. Ist das Intelligenz? Wohl kaum. Sinnvoller wäre es, von Mustererkennung zu sprechen, von Automatisierung oder von maschinellem Lernen. All das sind große technische Fortschritte, aber mit der menschlichen Fähigkeit, die Welt zu begreifen, nicht vergleichbar.

Eine nüchterne Definition aber wäre weniger sexy und wirkungsvoll. Das Gerede von künstlicher Intelligenz befeuert einerseits den Mythos übermächtiger Maschinen. Andererseits erleichtert es denjenigen das Geschäft, die ihre mehr oder weniger trivialen Produkte mit dem Label KI aufhübschen wollen.

Sam Altman, ein US-amerikanischer Unternehmer, Investor und Kenner der Materie, brachte den Hype um das Thema so auf den Punkt: »KI wird wahrscheinlich das Ende der Welt einleiten, aber bis dahin ein paar tolle Unternehmen hervorbringen.«[56]

Eine Aussage wie diese lässt Computer übrigens ratlos zurück, Ironie und Sarkasmus sind und bleiben ihnen fremd.

MEETING

Sammelbegriff für dienstliche Veranstaltungen aller Art und für viele Büromenschen ein Graus. Führungskräfte fühlen sich in Meetings tendenziell wohler, weil ein erheblicher Anteil ihrer beruflichen Tätigkeit daraus besteht. Die Klage über unproduktive Meetings ist fast so alt wie das Meeting selbst. Dennoch lebt es munter fort als ideale Bühne für bestimmte, in Organisationen unvermeidliche Persönlichkeiten. Zu ihnen zählt der Dozent, der sein scheinbar profundes Wissen gern über die Anwesenden ausschüttet, oder die Plaudertasche, die immer und überall gern redet, wenn auch nicht zur Sache. Es gibt den Zusammenfasser, der das, was wichtige Leute kurz zuvor geäußert haben, noch einmal wiederholt. Der Klassenclown sorgt – gern auf Kosten schüchterner Kolleginnen und Kollegen, die sich nicht wehren können – für Stimmung. Die Stillen, Nachdenklichen aber und diejenigen, die etwas Dringendes zu tun hätten, leiden und beten, dass das Meeting bald enden möge. Vergeblich.

MEHRWERT

Bemerkenswerte Verwandlung eines zentralen ökonomischen Begriffs in heiße Luft. Karl Marx beschrieb damit das Prinzip der Ausbeutung: Der Kapitalist zahlt den Proletariern für ihre Arbeit einen geringeren Lohn, als sie eigentlich verdienen, und eignet sich diesen Mehrwert als Profit an. Ökonomen nach Marx charakterisierten mit dem Wort das Ergebnis der Wertschöpfung durch die Bearbeitung der Ausgangsmaterialien: Ein Tisch ist mehr wert als das für ihn notwendige Holz. Darauf basiert die Erhebung der Mehrwertsteuer, die bei Unternehmern auf den von ihnen erzielten Mehrwert anfällt, also auf die Differenz zwischen Produktionskosten und Verkaufserlösen.

Heute aber wollen Unternehmenskommunikatoren den Mehrwert ganz anders verstanden wissen, nämlich im Sinne von freiwillig einen drauflegen – für die Kundschaft, die Mitarbeiter, die Stakeholder, ja, für alle Menschen. Die Deutsche Post DHL Group stellt die eigene Großzügigkeit folgendermaßen dar: »Unternehmerische Verantwortung ist Teil unserer DNA. Wir schaffen Mehrwert für Kunden, Mitarbeiter und Investoren – und werden unserer Verantwortung gegenüber Mensch, Gesellschaft und Umwelt gerecht.«[57] Die Chemie- und Pharmafirma Merck formuliert es ähnlich blumig: »Unser Anspruch ist es, als weltweit tätiges Unternehmen für Menschen, Marktpartner und das gesellschaftliche Umfeld einen Mehrwert zu schaffen und ihnen zu helfen, ein besseres Leben zu führen.«[58]

Allgemein drängt sich der Verdacht auf: Je austauschbarer Produkte und Dienstleistungen werden, desto mehr ist vom → Mehrwert die Rede. Womöglich betont deshalb selbst das Krematorium Landau in seinem Leitbild: »Wir schaffen Mehrwert.«[59]

Marx würde sich im Grabe umdrehen.

NEURO-

Die Hirnforschung zählt schon seit Längerem zu den Superstars des akademischen Betriebs. Weltweit werden gewaltige Summen in Neurowissenschaften investiert. Manche Vertreter des Fachs versprechen das Blaue vom Himmel. Hierzulande machten bereits im Jahr 2004 elf Wissenschaftlerinnen und Wissenschaftler, darunter die einer größeren Öffentlichkeit bekannten Gerhard Roth und Wolf Singer, mit einem »Manifest« von sich reden, in dem sie »enorme Fortschritte« ankündigten. In den kommenden zehn Jahren werde man wahrscheinlich »die wichtigsten molekularbiologischen und genetischen Grundlagen neurodegenerativer Erkrankungen wie Alzheimer oder Parkinson verstehen und diese Leiden schneller erkennen, vielleicht von vornherein verhindern oder zumindest wesentlich besser behandeln können. Ähnliches gilt für einige psychische Krankheiten wie Schizophrenie und Depression.«[60]

Nichts von all dem ist bislang eingetroffen. Doch die Neuro-Welle rollt munter weiter. Die Vorstellung, dem Gehirn bei der Arbeit und damit den Menschen sozusagen live beim Denken zuschauen zu können, ist faszinierend. Dazu liefern Hirnforscher mit ihren bildgebenden Verfahren, die verschiedene Hirnareale farbig darstellen, Anschauungsmaterial. Der Hype äußert sich unter anderem darin, dass sich mittlerweile alle möglichen Fachgebiete mit der Vorsilbe schmücken: von der Neuro-Pädagogik über die Neuro-Kriminologie bis hin zur Neuro-Ökonomie mit Unterdisziplinen wie Neuro-Leadership und Neuro-Marketing. Letztere verspricht nicht weniger als die Revolutionierung der Werbung: durch Aufklärung darüber, ob und wie Reklame wirkt. Der Wunschtraum aller Marketeers soll wahr werden.

Einer, der eigenen Angaben zufolge weiß, wie das geht, ist Kai-Markus Müller, Vorstandsvorsitzender von The Neuromarketing Labs in Aspach nahe Stuttgart. Bei einem Gespräch mit dem Autor behauptete Müller, »mit 85- bis 90-prozentiger Trefferquote« vorhersagen zu können, »ob Werbemaßnahmen erfolgreich sein werden oder nicht«.[61] Die Effizienz von Werbefilmen lasse sich »allein auf der Basis von Hirnaktivität«, die Müller mittels Magnetresonanztomografie (MRT) untersucht, einschätzen. Und nicht nur das: Müller könne durch Elektroenzephalografie (EEG), so verspricht er, »Wohlfühlpreise« ermitteln, also solche, die Kunden liebend gern bereit sind zu zahlen. Das nennt er Neuropricing, worüber unter anderem der *Spiegel* wohlwollend berichtete.[62]

Müller studierte zunächst Psychologie, bevor er sich der Hirnforschung zuwandte und in seiner Doktorarbeit mit aufwendigen Experimenten visuelle Systeme untersuchte: »Wie werden Farben, Formen, Gesichter erkannt?« Allerdings steht man in diesem Gebiet auch nach jahrelanger Forschung noch ziemlich am Anfang. »Man kann«, räumte Müller ein, »heute noch nicht sagen, wie eine Linie im Gehirn repräsentiert wird.« Später arbeitete er eine Zeit lang bei einer Unternehmensberatung, um sich dann mit angewandter Neurowissenschaft ein Business aufzubauen.

Auf wundersame Weise lösten sich die zuvor beschriebenen Schwierigkeiten, mit denen Müller in der Grundlagenforschung zu kämpfen hatte, in Luft auf. Nun war es ihm möglich, mithilfe von EEGs »Wohlfühlpreise« zu ermitteln – also eine viel kompliziertere Aufgabe zu lösen als jene, an der die Wissenschaft gescheitert war. Seriöse Forscher wie Professor Boris Kotchoubey vom Institut für Medizinische Psychologie und Verhaltensneurobiologie der Eberhard Karls Universität Tübingen halten allerdings nichts davon: »Preisinformationen lassen sich nicht aus einem EEG ablesen«, so Kotchoubey. »Es gibt keinen direkten Zusammenhang zwischen den mithilfe der Technik ermittelten Mikrovolts und Euros.« Die Vorstellung, dass sich konkrete Fakten in Hirnströmen widerspiegelten, nennt er »naiv«.

Dank solcher Einfalt blüht die Neuro-Industrie.

QUANTENSPRUNG

Um wirkliche oder vermeintliche Fortschritte gebührend herauszustellen, greifen wichtige Menschen gern auf diesen Begriff aus der Physik zurück. So attestierte Jürgen Timmermann, Vorstandsmitglied bei der Grafschafter Volksbank, einem mittelständischen Kunden »einen Quantensprung beim Strukturwandel«, die Firma werde »sexy für junge Talente«.[63] Die hannoversche Medizintechnik-Firma Syntellix heimste den German Innovation Award in Gold ein für einen »Quantensprung in der Implantologie«.[64] Und der Berliner *Tagesspiegel* lobte den »Big Vegan TS« einer großen Burgerkette als geschmacklichen »McQuantensprung«.[65]

Riesensprünge allerorten. Allerdings bedeutet der physikalische Begriff »Quantensprung« genau das Gegenteil, nämlich einen winzig kleinen Sprung. Dass die wichtigtuerische Phrase sich hierzulande trotzdem durchgesetzt hat, liegt vermutlich an den Quanten, einer umgangssprachlichen Bezeichnung für große Füße, mit denen große Sprünge eher möglich wären.

STANDORT

Im geografischen Sinne handelt es sich um die Bezeichnung für die eigene Position auf der Erdoberfläche, welche sich leicht ändern lässt. Das gilt seit den 1990er-Jahren auch zunehmend für Unternehmen, die bei der Standortwahl dank der Globalisierung sehr frei sind. Sie nutzen dies, um unter Städten, Regionen und Ländern einen Standortwettbewerb um die besten Standortfaktoren wie hohe Subventionen und niedrige Steuern zu entfachen, der nicht selten zulasten der Allgemeinheit geht. Dennoch haben sich Eliten in Politik, Wissenschaft, Pubizistik und Kultur die Standortlogik zu cigcn gemacht.

Im Jahr 1993 schaffte es »Standort Deutschland« beim Ranking der Gesellschaft für deutsche Sprache, die jene Wörter auszeichnet, die die öffentliche Diskussion in dem betreffenden Jahr wesentlich geprägt haben, auf Platz 2. Damals waren Abgesänge auf die Bundespublik schwer in Mode, frei nach Heinz Erhardt: »Made in Germany – da ist der Wurm drin.« Dass sich das Land später – Untergangspropheten wie dem in den Medien omnipräsenten Ökonomen Hans-Werner Sinn zum Trotz – als einer der größten Gewinner der Globalisierung erweisen sollte, hat dem tendenziell übel gelaunten Standortdiskurs leider nicht den Garaus gemacht. Er differenzierte sich nur weiter aus: Ob Finanz-, Agrar-, IT-, Film- oder Rotlicht-Branche – eine Standortdiskussion lässt sich von interessierten Kreisen jederzeit vom Zaun brechen. Gern eingeleitet mit der Frage: Ist der Wo-auch-immer-Standort noch zu retten?

START-UP

Die Crème de la Crème der Unternehmensgründungen. Während kein Hahn danach kräht, wenn eine neue Tischlerei, ein Fitnessstudio oder eine Eisdiele aufmacht, ist einem Start-up die Aufmerksamkeit gewiss. Denn dabei handelt es sich per definitionem um eine innovative Firma mit einem potenziell bahnbrechendem Geschäftsmodell. Silicon Valley lässt grüßen.

Allerdings sind viele Start-ups gar nicht originell, sondern kopieren einfach nur Geschäftsideen. Mit solchen

Copycats sind hierzulande die Internet-Unternehmer Alexander, Marc und Oliver Samwer reich und berühmt geworden. So war die erste von ihnen mitgegründete Firma, das Online-Auktionshaus Alando, »bis hin zur Gestaltung des Firmenlogos eine exakte Kopie des US-Vorbilds Ebay« (*Manager Magazin*).[66] Alando wurde in Deutschland zum Erfolg und nach wenigen Monaten an Ebay verkauft, was die Samwer-Brüder zu Millionären machte. Ihrem Geschäftsprinzip – besser gut nachgeahmt als schlecht erfunden – sind sie treu geblieben.

Zum Mythos Start-up gehören ein bestimmter Habitus und Jargon. In der Szene kleidet man sich gern offensiv leger und spricht eine eigene Sprache, die der Gründer und Investor Florian Swoboda im Interview mit dem Magazin *brand eins* so beschreibt: »Extrem viele Anglizismen, Contribution Margin statt Deckungsbeitrag, auch der Begriff Traction muss fallen, dabei weiß ich nicht einmal, wie man das genau übersetzt. Vielleicht als eine Art Marktresonanz. Es geht darum, ob sich der erste Spike in der Nachfrage schon erkennen lässt. Skalieren und Unit Economics dürfen auch nicht fehlen. Dann verwenden wir unzählige Abkürzungen: CAC – Customer Acquisition Costs –, CM, USP (...).«[67]

In ihrem zur Schau gestellten Nonkonformismus ist die Start-up-Blase erstaunlich konform. Davon beeindrucken lassen sich vor allem Manager aus der Old Economy. Sie wären gern so, wie sie sich die Gründerszene vorstellen: smart, cool, innovativ. Daher unternehmen viele Konzerne große Anstrengungen, um sich solchen Spirit ins Haus zu holen. Sie investieren in Start-ups, versuchen in Inkubatoren genannten Gründerzentren welche auszubrüten oder kaufen junge Firmen, die ihnen vielversprechend erscheinen.

Die Gründerinnen und Gründer lassen sich das gern gefallen, denn anders als die Entrepreneure der alten Schule sehen sie ihr Unternehmen nicht als Lebenswerk an, sondern verfolgen von vornherein eine Exitstrategie, die folgendermaßen funktioniert: Business starten, schnell groß machen und mit möglichst viel Profit abstoßen. Als Meister in dieser Disziplin sind wiederum die Samwer-Brüder hervorgetreten. Für die meisten Käufer der von ihnen gegründeten Unternehmen, unter anderem der Handy-Klingelton-Anbieter Jamba sowie die Online-Community StudiVZ, erwiesen sich die Deals übrigens als wenig vorteilhaft.

STRATEGIE

Viele reden darüber, kaum einer hat eine. Strategie bedeutet, einen längerfristigen Plan zu verfolgen und dabei zu versuchen, alle relevanten Faktoren zu berücksichtigen. Noch nie wurde der Begriff so häufig bemüht wie heute – offenbar lieben Manager die Vorstellung, wie von einem Feldherrnhügel aus die Lage fest im Blick zu haben. Allerdings scheint sich dies ihren Truppen nicht mitzuteilen: Laut *Harvard Business Review* ist bis zu 95 Prozent der Angestellten nicht klar, welche Strategie ihre obersten Chefs haben, oder sie verstehen diese nicht.[68] Auch in den höchsten Führungsgremien der Firmen durchdringen einer McKinsey-Studie zufolge lediglich 21 Prozent der dort amtierenden Topmanager und -Managerinnen voll und ganz, welche Strategie verfolgt wird.[69]

Vermutlich liegt das daran, dass es überhaupt keinen langfristigen Plan gibt. Die meisten Firmenlenker fahren auf Sicht, tun das, was sie schon immer getan haben oder in der Branche üblich ist. In von Aktionären getriebenen, börsennotierten Unternehmen geht es vor allem um die Rendite, über die quartalsweise Rechenschaft abzulegen ist. Wenn der Vorstand nicht mehr weiterweiß, holt er teure Strategieberater ins Haus, die das empfehlen, was gerade in der entsprechenden Branche angesagt ist. Eine wesentliche Funktion des Geredes über angebliche Strategien besteht darin, zu vernebeln, dass es sich in den meisten Organisationen nicht lohnt, weit nach vorn zu schauen. Die Unternehmensberatung Strategy& der Firma PricewaterhouseCoopers hat ausgerechnet, dass Firmenchefs weltweit im Schnitt gerade einmal 6,4 Jahre im Amt bleiben.[70]

Wer keine Lust hat, so zu tun, als hätte er einen Plan, dem steht übrigens der noch wenig abgenutzte Imponierbegriff Effectuation zur Verfügung.› Er bedeutet kurz und knapp: sich durchwurschteln.

› TECHNOLOGIE

Einer der beliebtesten Anglizismen in Wirtschaftskreisen: Das englische *technology* bedeutet auf Deutsch schlicht »Technik«, während mit Technologie ursprünglich die Lehre von der Entwicklung der Technik gemeint war. Dennoch hat sich Technologie durchgesetzt, weil das

› Der Begriff »Effectuation« stammt von Saras D. Sarasvathy, Professorin für Betriebswirtschaft an University of Virginia. Sie beschreibt damit eine flexible Entscheidungslogik ohne langfristigen Plan.

Wort länger ist, mehr Vokale enthält und einfach mehr hermacht.

Mittlerweile gibt es kaum noch Produkte – und seien sie noch so trivial –, die nicht auf einer überragenden Technologie beruhen. Da wären zum Beispiel E-Zigaretten der Marke Juul, für deren Entwicklung Firmenangaben zufolge »die neueste Technologie« angewendet wurde. Seiner Kundschaft verspricht das Unternehmen: »Wir sehen es als unsere Verpflichtung an, Forschung und Innovation im Bereich der Verdampfungs-Technologien konstant weiterzutreiben.«[71] Oder die Firma H. Preiss International in Ipsheim, die Apparaturen zur Herstellung von »bio-energetisch belebtem Wasser« anbietet. »Die Kombination aus Wissen und edelsten Komponenten ergibt die einzigartige Wirkungskraft unserer aquaSpin-Technologie.«[72] Oder der Schweizer Kosmetikfabrikant Rivoli, der seine Mission folgendermaßen beschreibt: »Wenn es um die Schönheit der Frau geht, kennt Rivoli keine Grenzen im Hinblick auf Innovationen. Dank der einzigartigen Technologie der Advanced Skin Precursors und der multilamellaren Struktur in Kombination mit hochmodernen Formulierungen passt sich die Hautpflege von Rivoli an die Haut jeder Frau an, um dem Hautalterungsprozess wirksam entgegenzuwirken.«[73]

Der technologische Fortschritt, so viel scheint sicher, ist unaufhaltsam.

2

BESCHWÖRUNGSFORMELN
DIE FIRMA ALS GLAUBENS-GEMEINSCHAFT

Der Kapitalismus ist kein Ponyhof. Unternehmer und Topmanager sind von undurchsichtigen Mächten umstellt: Ein übermächtiger Konkurrent kann plötzlich auf den Plan treten oder die Digitalisierung das eigene Geschäft obsolet machen. Treulose Kunden neigen dazu, einfach anderswo einzukaufen, und auch den Mitarbeitern ist nicht wirklich zu trauen. Das gilt besonders für hochqualifizierte Fachleute, in der IT-Branche auch »Nerds« genannt. Kein Normalsterblicher versteht, was diese Leute eigentlich tun. Hängen sie sich voll in ihren Job rein? Faulenzen sie in Wahrheit? Oder arbeiten sie gar auf eigene Rechnung? Ein Versuch, dieses Problem zu lösen, ist das Einschwören der Belegschaft auf das jeweilige Unternehmensziel. Manager vertrauen zudem gern auf vermeintlich magische Methoden der Unternehmensführung, die Sicherheit suggerieren. Der Ton, mit dem diese angepriesen werden, erinnert nicht zufällig an religiöse Unterweisungen.

AGILITÄT

Sie ist das Gebot der Stunde. Firmen, die nicht als hoffnungslos gestrig gelten wollen, müssen zumindest so tun, als ginge es bei ihnen extrem agil zu. Das Konzept stammt ursprünglich von einer Gruppe Programmierer. Sie offenbarten es ihrer Gemeinde in Form eines »Manifests für Agile Softwareentwicklung«[74]. Das Prinzip ist Folgendes: Statt IT-Projekte detailliert zu planen, schrittweise umzusetzen und das fertige Produkt schließlich beim Kunden abzuliefern, entwickelt man schnell funktionsfähige Teile eines Programms, lässt sie vom Abnehmer testen und passt sie gegebenenfalls an. Dank regelmäßiger → Feedbackschleifen, weniger Bürokratie und Hierarchie – so die Überzeugung – kommen agile Teams schneller zu besseren Ergebnissen. Auf diese Weise sollen heute ganze Unternehmen arbeiten. Der schwerfällige Tanker hat ausgedient, stattdessen ist das in unruhigen Gewässern für harte Kurswechsel geeignete Schnellboot gefragt.

Zu einem ordentlichen Business-Hype gehört unbedingt ein Schuss (Pseudo-)Wissenschaft. Agilitäts-Propheten aus dem deutschsprachigen Raum verweisen daher gern auf den US-amerikanischen Soziologen und Systemtheoretiker Talcott Parsons und dessen – im Fach als überholt geltendes – Agil-Schema aus den 1950er-Jahren. Bei ihm ist AGIL eine Abkürzung, die für *adaption* (die Fähigkeit eines Systems, sich auf veränderte Umweltbedingungen einzustellen), *goal attainment* (das Verfolgen und Erreichen von Zielen), *integration* (Zusammenhalt herstellen und sichern) und *latent pattern maintenance* (Fähigkeit, grundlegende Strukturen und kulturelle Normen aufrechtzuerhalten) steht. Allerdings ging es Parsons »nicht um Assoziationen mit Agilität, sondern um die Erklärung der Stabilität sozialer Systeme« – also im Grunde um das Gegenteil, schreibt der Soziologe Stefan Kühl. Hätte Parsons eine andere Abkürzung gewählt, »wären die Verfechter der Agilität unter den Beratern und Managern« vermutlich nicht über den Begriff des 1979 verstorbenen Wissenschaftlers gestolpert.[75]

Solche Oberflächlichkeit und Widersprüchlichkeit sind typisch für Managementmoden. Der Organisationstheoretiker Alfred Kieser, der das Thema seit Jahrzehnten untersucht, sagt dazu: »Agilität ist ein schwammiger Begriff, unter dem vieles vorstellbar ist. Es gibt auch kein überzeugendes Vorbild, also ein größeres Unternehmen, das auf ganz neue Art organisiert wäre und deshalb in der Lage, viel schneller als die Konkurrenz auf Kundenwünsche oder andere Anforderungen zu reagieren.« Kieser ist deshalb überzeugt, dass dieser Hype nach seinem Abflauen »kaum Spuren« hinterlassen wird.[76]

Bis es so weit ist, treibt die Idee allerdings noch manche Blüte. So serviert die Agile Kitchen GmbH aus Nürnberg »Agilität auf dem Silbertablett«, wie es in einer Pressemitteilung der Firma heißt. »Die Idee: Beim Kochen erleben die Teilnehmer in selbstorganisierten Teams die Vorteile agiler Arbeitsweisen.«[77] Ein kulinarisches Angebot, das man nicht ausschlagen sollte, glaubt man einem der Miterfinder des Schulungsprogramms: »Die Akzeptanz für Change-Prozesse in der Mitarbeiterschaft ist für viele Unternehmen zu einer Frage des Überlebens geworden.«[78]

BEGEISTERN/BEGEISTERUNG

In der modernen Arbeitswelt reicht es nicht mehr aus, einfach nur seinen Job zu machen. Man muss möglichst vor

Freude außer sich geraten, am besten so, dass Vorgesetzte und Kollegen es auch mitbekommen. Motivation war gestern, heute ist Begeisterung angesagt. Da geht es ans Eingemachte, weil Begeisterung, so die Website »Karrierebibel«, nur ein anderes Wort für Enthusiasmus sei. »Und das geht auf das griechische Wort *enthousiasmós* zurück und bedeutete ursprünglich so etwas wie ›Besessenheit durch Gott‹«. Besessen von seinem Job zu sein klingt nicht unbedingt gesund, sei aber sinnvoll, heißt es dort weiter, denn: »Wer mit Begeisterung seiner Arbeit nachgeht, wird sie als sinnvoll empfinden, wird seinen Beitrag als wertvoll erachten und damit Ziele erreichen wollen.«[79]

Tatsächlich scheint die Zahl der Beschäftigten, die für ihre Arbeit brennen, enorm gestiegen zu sein – sofern man einschlägigen Verlautbarungen der Wirtschaft Glauben schenkt. Die SHD System-Haus-Dresden GmbH teilt beispielsweise auf ihrer Homepage mit: »Wir lieben, was wir tun, und sind hoch motiviert. Mit unserer Begeisterung für Technik und neuste (sic!) Technologien entwickeln wir unsere Expertise und Persönlichkeit im Team stetig weiter.«[80] Der Handelsverband Deutschland nennt in einer Kampagne zur Gewinnung von Nachwuchs gleich »20 Gründe für Dich und Deine Begeisterung im Handel«. Einer lautet: »Mach eine Ausbildung im Handel und lerne Dich selber kennen – die vielfältigen Arbeitsbereiche und Aufgaben zeigen Dir, wer Du bist!«[81] Und die Firma Bofrost behauptet gar: »Insgesamt arbeiten rund 10 000 Beschäftigte in 12 europäischen Ländern mit großer Begeisterung und viel Engagement für die Marke bofrost, dem Marktführer im Direktvertrieb von Eis- und Tiefkühlspezialitäten.«[82] So viel Enthusiasmus für TK-Fischstäbchen,

-Pizza oder -Butterpfannengemüse kann auf Unbeteiligte beinahe beängstigend wirken.

Wie aber entfesselt man solche Energien? In anderen Weltgegenden gibt es Rituale, um die Belegschaft einzuschwören und auf Betriebstemperatur zu bringen. Dazu zählt der *morning cheer* (Morgenjubel) bei dem US-amerikanischen Einzelhandelsgiganten Walmart. Die Angestellten jedes Supermarkts versammeln sich, um auf Aufforderung ihres Chefs den Namen der Firma laut durchzubuchstabieren (»Gebt mir ein W! Gebt mir ein A!)«. Und starten dann mit dem Schlachtruf »Wer ist die Nummer 1? Der Kunde! Immer!« in den Arbeitstag. Vor einigen Jahren versuchte Walmart, auch auf dem deutschen Markt Fuß zu fassen, scheiterte aber, was möglicherweise mit der mangelnden Begeisterungsfähigkeit hierzulande zu tun hat. Vielleicht aber auch mit dem Unwillen vieler Beschäftigter, Begeisterung zu heucheln. Einen Beleg dafür lieferte die Dokumentarfilmerin Carmen Losmann mit einer Szene ihres Werks »Work Hard – Play Hard«, die bei der Deutschen Post spielt. Ein Teamleiter lädt die Mitarbeiter in einem Großraumbüro zur Morgenbesprechung an das sogenannte Performance Board, wo die Tagesleistungen dokumentiert sind. Er versucht, eine gute Stimmung zu verbreiten.

Teamleiter (TL): »Schönen guten Morgen!« Die Leute schauen griesgrämig, einige wenige grüßen leise zurück.

TL: »Wie geht's heute?« Vereinzelt und leise hört man: »Gut.«

TL: »Wie ging's gestern?«

Eine Mitarbeiterin: »Besser.«

TL: »Warum besser?«

Die Mitarbeiterin: »Weil ich nicht hier war.«

BRAINSTORMING

Wir setzen uns zusammen und lassen unseren Ideen freien Lauf. Der dann folgende kollektive Gedankensturm löst in kürzester Zeit eine Kaskade von Geistesblitzen aus, von denen einige das → Potenzial haben, unser Team ganz weit nach vorn zu bringen! So weit die Theorie. Sie stammt von dem US-Amerikaner Alex F. Osborn, Mitgründer der Werbeagentur BBDO. Er machte die Methode Ende der 1940er-Jahre populär. Seitdem ist Brainstorming eine Standarddisziplin für Büroangestellte.

Allerdings mit bescheidenen Ergebnissen. Eine Studie der Yale University ergab bereits 1958, dass allein nachdenken mehr Ergebnisse hervorbringt, als in der Gruppe zu brainstormen. Spätere psychologische Studien bestätigten das, erläutert ein Artikel im Magazin *brand eins*: »Demnach sind viele Leute in der Gruppe gehemmt, sie vergleichen sich mit den Kollegen. Spannungen im Team sind eine weitere Beeinträchtigung, und die Zeit, in der die anderen reden, ist oft lähmend.«[83]

Dennoch wird unentwegt weiter versucht, auf diese Weise Gedankenstürme zu entfachen, denn die Methode hat allerlei Vorteile. So kann ein Vorgesetzter, der zum Brainstorming bittet, Verantwortung elegant delegieren – womöglich hat ja der Praktikant die Millionen-Euro-Idee, auf die er selbst partout nicht kommt. Und auch viele Mitarbeiter und Mitarbeiterinnen machen gern mit. Denn sie verstehen Brainstormings als willkommene Einladung zum Einfach-mal-Loslabern. Schließlich sind die allermeisten sowohl ergebnis- als auch folgenlos, also nicht mit wirklicher Arbeit verbunden.

CORPORATE IDENTITY

Firmen und andere Organisationen sind Individuen mit eigener Persönlichkeit. Das soll der Begriff »Corporate Identity« (Unternehmensidentität) zum Ausdruck bringen. Firmenpersönlichkeiten lassen sich – ähnlich wie Menschen – nicht ohne Weiteres formen oder verändern, was Manager – besonders in Konzernen – aber nicht davon abhält, es immer wieder zu versuchen. Zu diesem Zweck investieren sie viel Geld ins Erscheinungsbild der Firma (Corporate Design), drängen darauf, dass diese mit einer Stimme spricht (Corporate Communication) und dass bestimmte Verhaltensvorgaben eingehalten werden (Corporate Behavior).

All das dient der Imagepflege. Aufgeklärte Menschen und erst recht die Mitarbeiter der jeweiligen Firma wissen jedoch, dass zwischen einer solchen Fassade für die Außenwelt und der wirklichen Unternehmenskultur ein gewisses Spannungsverhältnis besteht. Deshalb ist die heute weitverbreitete Praxis, Belegschaften auf eine bestimmte Corporate Identity einzuschwören, wenig empfehlenswert. Kaum eine Firma kommt noch ohne Leitbild mit hehren Grundsätzen aus, zu denen sich die Beschäftigten bekennen sollen. Viele tun das widerwillig oder mit Sarkasmus, weil ihnen der Widerspruch zwischen Schein und Sein nur allzu bewusst ist. Der Managementtheoretiker und Berater Reinhard K. Sprenger spricht von »Sinnbewirtschaftungsmaßnahmen«. Die innere Einstellung der Mitarbeiter und Mitarbeiterinnen sei »nicht mehr beliebig, sondern *entscheidend*. Gefordert wird Huldigung. Nicht gerade selten sind Mitarbeiter gewünscht, die sich wie Halbwüchsige das Firmenlogo farbecht in den Oberarm tätowieren.«[84]

GUT AUFGESTELLT

Ein Klassiker des Wirtschaftsjargons, mit dem Führungskräfte ihr Publikum – und nicht selten auch sich selbst – davon überzeugen möchten, sie hätten alles im Griff. Die Firma (Behörde oder der Sportverein), so das Mantra, sei für das, was da komme, gut gerüstet. Tatsächlich stammt der Begriff aus dem Militär, und zwar aus einer Zeit, so der Schriftsteller Burkhard Spinnen, als es noch Stellungskriege gab, die man mit Zinnsoldaten nachspielen konnte.[85]

Gut aufgestellt passt also nicht in unsere Ära. Zudem steht die Phrase im Widerspruch zu der unisono erhobenen Forderung, Organisationen müssten → agil agieren, ihre Aufstellung also ständig ändern. Doch für deutsche Manager geht beides erstaunlicherweise problemlos zusammen. Eine Befragung von 302 Geschäftsführerinnen, Vorständen und Führungskräften von Finanzdienstleistern, Energie- und Telekommunikationsunternehmen, aus dem verarbeitenden Gewerbe und der öffentlichen Verwaltung ergab nämlich: »Grundsätzlich sehen sich die meisten Entscheider in punkto Agilität schon ganz gut aufgestellt.«[86]

INCENTIVE

Neudeutsche Bezeichnung für das Karotten-Prinzip: Nur wenn man dem Esel eine Mohrrübe direkt vor die Nase hält, bewegt er sich in die gewünschte Richtung. Das Schaffen von Incentives, also Anreizen, ist in der Wirtschaftswelt weit verbreitet, zum Beispiel zur Kundengewinnung. In manchen Branchen wie dem Textilhandel etwa herrscht eine regelrechte Rabbatitis; ständig ist irgendwo Ausverkauf beziehungsweise → Sale. Wer den regulären Preis für ein Teil zahlt, kommt sich dumm vor. In anderen Wirtschaftszweigen werden prinzipiell Goodies gewährt. Verleger von Zeitungen und Zeitschriften haben diese Methode sehr weit getrieben: Man belohnt Neu-Abonnenten oder -Abonnentinnen mit hohen Geld- oder Sachprämien wie zum Beispiel Tablets; früher reichten je nach Klientel Waffeleisen oder Regenschirme. Und sendet damit die Botschaft aus, dass das Blatt selbst nicht viel wert ist. Zudem werden Leute angelockt, die sich mehr für die Prämie als für das jeweilige Medium interessieren – keine gute Idee, um Kunden langfristig zu binden.

Ähnliches gilt für Incentives für Mitarbeiter und Mitarbeiterinnen: Prämien, Boni oder spezielle Events für High Performer nutzen sich schnell ab, können Angestellte, die sich ungern wie Esel führen lassen, demotivieren und andere zu egoistischem Verhalten verleiten. Ein Paradebeispiel dafür ist die Deutsche Bank. Sie begann in den 1990er-Jahren in großem Stil mit dem Investmentbanking, also Spekulationen auf den Finanzmärkten. Die dazu notwendigen Investmentbanker werden traditionell mit enormen Boni bei Laune gehalten. Die so incentivierten Angestellten sorgten erst für Gewinne – und später im Zuge der Weltfinanzkrise sowie zahlreicher unsauberer Geschäfte, die der Bank Strafen in Milliardenhöhe eintrugen, für noch viel größere Verluste.

Die Boni aber wurden immer weiter ausgezahlt – aus Furcht, die scheuen Investmentbanker könnten anderswo anheuern. So führte das System der Incentives dazu, dass die Bank von einem kleinen Kreis privilegierter Angestellter ausgenommen wurde wie eine Weihnachtsgans. Im Jahr 2019 machte das Geldinstitut einen Verlust von 5,7 Milliarden Euro – und zahlte dennoch Boni in Höhe von 1,9 Milliarden Euro aus.

INTRAPRENEURSHIP

Derjenige, der sich am meisten mit der Firma identifiziert und für sie engagiert, ist der Unternehmer. Der Laden würde aber noch viel besser laufen, wenn alle Mitarbeiter so tickten wie er. Das ist die Theorie hinter Intrapreneurship, einer englischen Wortneuschöpfung aus *intra corporate* (unternehmensintern) und *entrepreneurship* (Unternehmertum). Der oder die ideale Angestellte soll im Betrieb agieren wie ein Entrepreneur. Zum Beispiel in der Uvex Group, die unter anderem Skibrillen herstellt und von all ihren Angestellten behauptet: »Wir sind unternehmerisch. Jeder von uns leistet seinen Beitrag zum Erfolg – unternehmerisches Denken und Handeln ist dafür die wichtigste Voraussetzung.«[87] Ähnlich stellt sich die Hügli-Gruppe dar, ein Produzent von Suppen, Saucen, Bouillons und anderen Lebensmitteln. In ihrem Leitbild feiert die Firma ihre »motivierende Hügli-Kultur: Der Mitarbeiter als Unternehmer. Hügli-Mitarbeiter sind entscheidungsfreudig.«[88]

Da die meisten abhängig Beschäftigten allerdings weder über das Kapital noch über die Macht verfügen, die für wahres Entrepreneurship nötig wären, bleiben ihren Entscheidungsspielräumen enge Grenzen gesetzt. Letztlich steht hinter Intrapreneurship oder der sogenannten Ownership-Kultur nichts anderes als die Ansage: Hängt euch – wie auch immer – in den Job rein! Für den Unternehmensberater und Publizisten Winfried Berner ist »das Gerede von unternehmerischem Denken« daher »Ausdruck einer quengeligen, schlampigen Führung nach dem Prinzip: ›Ich kann Ihnen zwar nicht sagen, was ich von Ihnen erwarte, aber ich bin sehr enttäuscht, dass Sie es nicht tun.‹«[89]

KOMFORTZONE

Berater, Coaches und Managerinnen rufen ihren Klienten oder Untergebenen gern zu: Verlassen Sie Ihre Komfortzone! Der gegenteilige Appell, es sich dort gemütlich zu machen, erschallt dagegen nie. Denn angeblich, so die Message, kommen wir nur voran, wenn wir aus unseren Routinen ins Unbekannte aufbrechen und dort Abenteuer suchen. Dass Fortschritte in der Menschheitsgeschichte vor allem durch die Ausweitung von Komfortzonen – zum Beispiel in Form einer besseren medizinischen Versorgung, bequemen Verkehrsmitteln und behaglichen Wohnungen – zustande kamen, wird dabei geflissentlich unterschlagen. Auffällig ist zudem, dass diejenigen, die das Verlassen von Komfortzonen predigen, kaum je daran denken, selbst mit gutem Beispiel voranzugehen.

Weil die Phrase schon recht abgegriffen ist, bemühen sich kreative Geister um Synonyme. Als Bernd Buchholz, damaliger Chef des Verlagshauses Gruner + Jahr (G+J), die Belegschaft auf einen Sparkurs einnorden wollte, prägte er die Sonnendeck-Metapher: In schwierigen Zeiten müsse man »den Leuten auf dem Sonnendeck sagen, dass sie ihre Liegestühle und Drinks beiseitestellen müssen«.[90] Passenderweise wurde sein eigener Abschied einige Jahre später ebenso bildhaft eingeleitet. Das *Manager Magazin* zitierte anonyme Insider aus der Bertelsmann AG, Mehrheitseigentümerin von G+J, die ihrer Unzufriedenheit mit Buchholz Ausdruck gaben. Sie attestierten dem Manager unter anderem die »Zugkraft einer Spielzeuglokomotive«.[91] Kurz darauf schmiss er hin.

Der Abschied aus der Komfortzone beziehungsweise vom Sonnendeck wurde Buchholz mit einer Abfindung in Millionenhöhe versüßt. Später avancierte das FDP-Mitglied zum Wirtschaftsminister von Schleswig-Holstein.

MISSION STATEMENT

Unternehmen, die etwas auf sich halten, geben sich nicht mit dem schnöden Erwerbszweck zufrieden, sondern verfolgen höhere Ziele. Sie haben Visionen, verfolgen Missionen und tun dies der Welt gern mit einem einprägsamen Firmenclaim oder eben Mission Statement kund. Idealerweise zeigt eine solche Kernaussage dem Publikum, wofür die jeweilige Firma steht, demonstriert Stolz auf das eigene Tun und dient der Selbstverpflichtung. Bedauerlicherweise beherrschen nur wenige Unternehmen diese hohe Kunst der Markenkommunikation. Die Formulierung ebenso klarer wie einfacher Botschaften fällt vielen schwer.

Dazu zählt Siemens. Die einstige deutsche Traditionsfirma ist heute ein globaler Konzern, der sich – getrieben von Anlegern, Analysten und der Konkurrenz – rasch wandelt. Man fragt sich: Was machen die eigentlich? Die Antwort soll der Slogan »Ingenuity for life« geben. Nur wird das englische *ingenuity* (»Einfallsreichtum« oder »Erfindungsgabe«) von vielen Menschen nicht oder falsch verstanden. Franzosen etwa denken an *ingénuité,* was aber, worauf die *Süddeutsche Zeitung* hinwies, nicht »Ingenieurskunst«, sondern »Treuherzigkeit« bedeutet, und weiter heißt es: »Das Gleiche gilt fürs Portugiesische: ingênuo heißt übersetzt ahnungslos.«[92] Weil sich auch hierzulande manche Siemensianer mit dem Zungenbrecher schwertun, bemühte sich der damalige Vorstandsvorsitzende Josef (Joe) Kaeser, den Satz zu erläutern: »›Ingenuity‹ bedeutet für mich Ingenieurskunst, Unternehmertum, Innovationskraft und die Bereitschaft, für die Gesellschaft tagtäglich unser Bestes zu geben. ›For life‹ heißt, dass wir in jeder Generation bei Siemens Dinge tun, die langfristig Wert schaffen – für den einzelnen Kunden, Mitarbeiter und Bürger genauso wie für die Gesellschaft als Ganzes.«[93] Dass die Erklärung mehr als zwanzigmal so viel Raum einnimmt wie die eigentliche Aussage, zeigt: Beim → Wording ist noch Luft nach oben.

Viel eleganter formulierte einst Audi seine Ambitionen. Als der Autobauer in den 1980er-Jahren mit Neuerungen wie dem permanenten Allradantrieb bei Serienfahrzeugen Eindruck machte, untermauerte das Unternehmen dies mit dem starken Satz: »Vorsprung durch Technik«. Allerdings ist es kaum möglich, dauerhaft vorne zu liegen, und so erging es auch Audi. Erschwerend kam hinzu, dass die Ingolstädter Ingenieure sich später mit einer Technik hervortaten, die für den größten Skandal in der Firmengeschichte sorgte – Schummelsoftware für Dieselmotoren. Rupert Stadler, bis Ende September 2018 Audi-Chef, stellte die Botschaft aber aus einem anderen Grund in einem Interview mit der Zeitschrift *Auto, Motor und Sport* infrage: »Wir haben diskutiert, ob unsere Haltung in unserem bisherigen Markenclaim wirklich noch ausreichend zum Ausdruck kommt. Denn Vorsprung ist eine Geisteshaltung. Die erwarte ich im Vertrieb genauso wie in der technischen Entwicklung und in der Produktion.« Stadlers frappierend einfache Lösung war es, das Wort Technik aus dem Claim zu streichen. »Audi. Vorsprung. Das können wir uns sehr gut vorstellen.«[94] Letztlich wurde die Idee nicht umgesetzt, man wirbt weiter mit dem alten Slogan, was immerhin konsequent ist.

Die Deutsche Bank dagegen, die in ihrer jüngeren Geschichte schon ein Dutzend Mission Statements verschlissen hat, verabschiedete sich 2017 dann auch von »Leistung durch Leidenschaft«. Denn dieser hochtrabende Satz passte so gar nicht mehr zur Erscheinung eines Geldinstituts, dessen betriebliche Realität eher mit »Leidenschaft, die Leiden schafft« beschrieben werden kann. Stattdessen gibt es nun einen neuen, supermodernen – aber leider rätselhaften – Claim namens #PositiveImpact, also #PositiverBeitrag. Mit ihm wolle der Konzern, so die Markenchefin Lareena Hilton gegenüber dem Branchendienst *Turi2*, deutlich machen, dass seine fast 100 000 Mitarbeiter »für unsere Kunden und für die Gesellschaft einen positiven Beitrag leisten wollen, dass sie viel Positives bewirken«.[95]

Eine Alternative zu aufgeblasenen sind sachliche Botschaften. So steht unter dem Logo des Chemie-Riesen BASF: »We create chemistry«. Das ist nicht originell, aber immerhin verständlich und korrekt. Dass sich Unternehmen, die ganz gewöhnliche Dinge herstellen, trotzdem sympathisch und ohne peinliche Verrenkungen darstellen können, beweist übrigens seit je eine Firma mit Sitz bei Bonn: »Haribo macht Kinder froh und Erwachsene ebenso!«[96]

NEW WORK

Sammelbegriff für alles, was in Unternehmen als modern gilt: offene Bürolandschaften, die Erlaubnis, in kurzen Hosen und mit Basecap am Rechner zu sitzen beziehungsweise im Homeoffice, Coworking Space oder Mobile Office → agil zu arbeiten; Workshops zu Design Thinking oder Townhall → Meetings mit dem → CEO zu besuchen und einiges mehr. Über dieses Sammelsurium neuer, vor allem durch die Digitalisierung möglich gewordener Arbeitsformen und Rituale hinaus verspricht New Work aber noch mehr, nämlich den Aufbruch aus der alten Arbeitswelt ins Reich der Freiheit.

Es scheint, als hätten sich die Kapitalisten von heute diese revolutionäre Idee von Karl Marx angeeignet. So benannte sich die Firma Xing, Betreiberin des gleichnamigen Businessnetzwerks, demonstrativ in New Work um, denn: »Wir glauben an eine Arbeitswelt, in der Menschen sich selbst verwirklichen und ihre Potenziale entfalten – ›for a better working life‹.«[97] Dieses → Mission Statement weist auf eine wesentliche Funktion des New-Work-Diskurses hin: Er dient Unternehmen zur Eigenwerbung und außerdem als Arbeitsbeschaffungsmaßnahme für Berater, die Managern erklären, was mit New Work wohl gemeint sein könnte.

Frithjof Bergmann hatte sich das ursprünglich ganz anders gedacht. Der aus Österreich stammende US-amerikanische Philosoph prägte den Begriff New Work in den

1980er-Jahren. Er verstand ihn als Alternative zum Kapitalismus, zur totalen Abhängigkeit von der Lohnarbeit. Bergmanns Gegenmodell sah so aus: Nur noch ein Drittel der Arbeitszeit soll dem Gelderwerb dienen. Ein weiteres Drittel nutzen die Leute zur Selbstversorgung mithilfe moderner Technik und die übrige Zeit verwenden sie auf Arbeit, die ihnen wirklich Spaß macht. Dass aus diesem Ideal ein Managementmethoden-Mix wurde, ärgert Bergmann sehr. New Work sei »Lohnarbeit im Minirock«, klagte er in einem Interview mit dem *Personal Magazin*, etwas, »was die Arbeit ein bisschen reizvoller macht. Und das ist absolut nicht genug.«[98]

POTENZIAL

In der Physik handelt es sich um eine eindeutig definierte Größe, die die Energie eines Körpers in einem Kraftfeld beschreibt. Im Businessjargon ist es hingegen ein ebenso verheißungsvoller wie schwammiger Begriff. Versierte Manager erkennen überall Potenziale: auf dem serbischen Markt für hochwertiges Reisegepäck oder in Asien für legales Cannabis. Selbst in der deutschen Hauptstadt, in der bekanntlich nicht alles rund läuft, vermutet der Fachmann noch ungehobene Schätze. So sagte Professor Heyo K. Kroemer dem *Deutschen Ärzteblatt* anlässlich seiner neuen Aufgabe als Vorstandsvorsitzender der Charité: »Berlin hat ein großes Potenzial für optimale Strukturen.«[99] Es besteht also die Möglichkeit, dass dort alles tipptopp wird – wer könnte dem widersprechen?

Das Schöne am Potenzial ist: Wenn sich herausstellt, ob es tatsächlich welches gegeben hat, sind diejenigen, die es beschworen, meist nicht mehr im Amt. Das gilt auch für Personaler auf der Jagd nach High Potentials, womit talentierte junge Leute gemeint sind (älteren wird kein Potenzial mehr zugeschrieben). Ob die Vorschusslorbeeren für den Nachwuchs gerechtfertigt waren, zeigt sich womöglich erst Jahre später. Und ob es im Erfolgsfall am Potenzial beziehungsweise Talent lag oder schlicht an Fleiß, Geschmeidigkeit, Ehrgeiz und/oder Interesse an der Sache, kann ohnehin niemand sagen. Nur eines ist sicher: »War for talents« klingt flotter als »Suche nach fleißigen Mitarbeitern«.

QUERDENKER

Der Begriff ist eine Art Adelstitel in der modernen Arbeitswelt, den Angestellte sich auch gerne selbst verleihen. War früher der loyale Organization Man gefragt, der brav Dienst nach Vorschrift machte und hoffen durfte, die Karriereleiter Stufe um Stufe hinaufzuklettern, so ist es heute – glaubt man den einschlägigen Experten – der Quer- beziehungsweise Out-of-the-Box-Denker. Darunter versteht man einen Tausendsassa, der die Firma ohne Rücksicht auf Dienstweg, Zuständigkeiten und → Silo-Grenzen nach vorne bringt. Unternehmensberater, Autorinnen von Managementratgebern und Personaler verherrlichen diesen Typus. So schwärmte Karin Vey, Expertin am IBM-Forschungslabor in Zürich: »Querdenker verkörpern die moderne Wiedergeburt des Renaissance-Menschen. Sie haben häufig ein umfassendes, horizontales Know-how und verfügen über ein breit gefächertes Wissen und häufig exzellente Kommunikationsfähigkeiten.«[100]

Vermutlich hat dieses positive Image auch jene Wutbürger und Wutbürgerinnen, die in Zeiten der Pandemie die Gefahr von Covid-19 leugnen und Verschwörungsideologien verbreiten, dazu inspiriert, sich als »Querdenker« zu bezeichnen. Mit der Urteilsfähigkeit ist es bei ihnen allerdings nicht weit her, denn sie bestreiten gut belegte wissenschaftliche Tatsachen und sind offen für rechtsradikales Gedankengut. Die Zeit wird über diese überschaubare Bewegung hoffentlich hinweggehen. Der kreative Querdenker, das ideale Wirtschaftssubjekt, wird dagegen weiterleben.

Aber wie wird man zu einem solchen? Ganz einfach, so der Psychologe und Bestsellerautor Adam Grant: »Erfolgreiche Unternehmer sind aus dem gleichen Holz geschnitzt wie wir – im Grunde kann jeder den kreativen Querdenker in sich wecken und zum Erfolg führen.«[101] Tatsächlich scheint sich die Zahl der so Gepriesenen enorm vermehrt zu haben. Der Querdenker-Club – der, so sein → Mission Statement, das Ziel hat, »Out-of-the-Box-Denker, Mutmacher, Ideenzünder und Zukunftsmanager interdisziplinär und branchenübergreifend in einem Innovationsnetzwerk zu verknüpfen« – hat eigenen Angaben zufolge rund 50 000 Mitglieder.

Sind die Unternehmen tatsächlich voller Freigeister? Droht gar eine Inflation der Nonkonformisten? Oder handelt es sich bei der Beschwörung der Querdenkerei um reines Wunschdenken, während in Wahrheit weiterhin Jasager und Karrieristinnen den Arbeitsalltag bestimmen? Letzteres glaubt Elliot Aronson, Sozialpsychologe und Autor des Standardwerks »The Social Animal«, der spottete: »Wir lieben Querdenker! Aber erst, wenn sie mindestens seit 50 Jahren tot sind.«[102] Etwas schneller ging es im Evangelischen Kirchenkreis Siegen, auf dessen Website ein Mitarbeiter folgendermaßen in den Ruhestand verabschiedet wurde: »Kreativer Querdenker mit Blick für das Ganze: Telefonseelsorger Pfarrer Rolf Christian Wangemann gibt das Lenkrad ab.«[103]

REBELL

Steigerung des → Querdenkers: ein Regelbrecher, der eigensinnig seinen Weg geht, Konkurrenten alt aussehen lässt und seine Firma mit unorthodoxen Methoden ganz weit nach vorn bringt. Ein Role Model ist Richard Branson, Gründer der Virgin Group, ein sportiver Milliardär, der sich beim Surfen mit einem nackten Model auf dem Rücken fotografieren ließ, anderen Leuten die Krawatte abschneidet und eine Autobiografie mit dem Titel »Business ist wie Rock 'n' Roll« verfasste. Noch rebellischer ist Elon Musk, Mitgründer des Online-Bezahlsystems PayPal, des Raumfahrtunternehmens SpaceX sowie des Elektroauto-Herstellers Tesla. Musk liebt spektakuläre Auftritte und zündete sich vor laufender Kamera schon einmal einen Joint an, woraufhin die Tesla-Aktie innerhalb eines Tages sechs Prozent an Wert verlor.

Unternehmer können sich solche Eskapaden leisten, Angestellte bis hinauf ins Topmanagement nicht. Firmen sind auch in Zeiten von → New Work noch immer Organisationen, in denen persönliche Freiheiten dem Unternehmenszweck untergeordnet werden. Für Revoluzzer ist da kein Platz. Dennoch gibt man sich in der Wirtschaftswelt heute gern rebellisch. Verkäufer von Geldanlagen nennen sich allen Ernstes Finanzrebellen, Coaches Unternehmerrebellen, und die Personalberatung Kienbaum veranstaltet einen Businessrebellen-Talk. Für sich revolutionär wähnende Karrieristen gibt es die Zeitschrift *Business Punk* und für ebensolche Werber sogar eine eigene Veranstaltung, das Festival Online Marketing Rockstars.

Die von linken Gegenkulturen inspirierten Begriffe sollen Eindruck machen und Trost spenden. Wer aber als kleines Licht in einer Werbeagentur mit Suchmaschinenoptimierung befasst ist, kann höchstens davon träumen, mal ein Marketingrebell zu sein.

SYNERGIE

Das Erreichen von Synergieeffekten ist das Lieblingsargument von Managern, die andere Firmen übernehmen oder mit ihnen fusionieren wollen. Die Rechnung, die sie aufmachen, lautet: 1 + 1 = 3. Soll heißen: Wenn zwei Unternehmen ihre Kräfte bündeln, sind sie zusammen mehr als die Summe ihrer Teile. Für die Belegschaften hat das Wort dagegen einen bedrohlichen Klang, weil Synergien nicht zuletzt durch Personalabbau erzielt werden. Aber auch die Eigentümer haben an fusionierten Firmen oft wenig Freude, denn: »Zwei von drei Unternehmensübernahmen scheitern«, so der Ökonom Lars Schweizer, der an der Goethe-Universität Frankfurt lehrt und etliche Studien zum Thema ausgewertet hat. »Fusionen sind die Königsdisziplin des Managements«[104] – und überfordern die verantwortlichen Führungskräfte offenbar.

So jubelte der damalige Daimler-Boss Jürgen Schrempp im Jahr 1998 den Zusammenschluss mit dem US-Autohersteller Chrysler zur »Hochzeit im Himmel« hoch. Er verkannte aber, dass die beiden Firmen nicht zueinanderpassten, weshalb die Ehe in kürzester Zeit zerrüttet war und neun Jahre später mit enormem Schaden für Daimler geschieden wurde.

Wolfgang Baumann, Vorstandsvorsitzender der Bayer AG, wähnte sich im Sommer 2018 am Ziel seiner Träume: Bayer übernahm für 63 Milliarden US-Dollar den amerikanischen Saatgut- und Herbizid-Giganten Monsanto. Es war der größte Deal eines deutschen Konzerns überhaupt. Kurz darauf wurde der Monsanto-Chef Hugh Grant mit warmen Worten und 123 Millionen US-Dollar Abfindung verabschiedet. Dummerweise, so die Zeitschrift *Capital*, sei die Bayer-Spitze »den größten Rosstäuschern der jüngeren US-Wirtschaftsgeschichte aufgesessen«.[105] Nach der Übernahme rollte allein in den USA eine Prozesslawine mit rund 125 000 Klagen auf die neuen Eigentümer zu, weil das Monsanto-Unkrautvernichtungsmittel Roundup im Verdacht steht, Krebs zu verursachen. Zudem wurden zahlreiche Manipulationen angeblich wissenschaftlicher Studien durch Monsanto bekannt.

Der Kurs der Bayer-Aktie rauschte nach der Übernahme in den Keller; Ende März 2019 war der Konzern an der Börse nur noch 53 Milliarden Euro wert – also deutlich weniger als der Kaufpreis für Monsanto. Allein der außergerichtliche Vergleich mit rund 100 000 Klägern in den USA kostete den Konzern später mehr als elf Milliarden US-Dollar.

Es ist ein extremes, aber keineswegs untypisches Beispiel, wie ein Blick in die Wirtschaftsgeschichte zeigt: Vor allem bei Großfusionen wird viel Kapital verbrannt, weshalb als Formel für Zusammenschlüsse eher gelten kann: 1 + 1 = 0,5.

Dass Synergien trotzdem gebetsmühlenartig beschworen werden, liegt am weitverbreiteten Größenwahn in den Chefetagen. Und an zwei einflussreichen Berufsgruppen, die von Fusionen und Übernahmen (Mergers & Acquisitions) immer profitieren – auch dann, wenn sie in die Hose gehen: Investmentbanker und Unternehmensberater.

TECHNOLOGY EVANGELIST

Bibelfeste Zeitgenossen kennen Evangelisten aus dem Neuen Testament. Matthäus, Markus, Lukas und Johannes schrieben jeweils ihre Version des Wirkens Jesu auf. Anfang der 1980er-Jahre wurde der Beruf von Apple neu interpretiert: Die Firma beschäftigte mit Mike Boich und Guy Kawasaki die ersten sogenannten Technology Evangelists. Die beiden sollten die frohe Botschaft – so die Übersetzung des aus dem Altgriechischen stammenden Wortes »Evangelium« – vom Apple Macintosh-Computer in die Welt tragen. Dass diese Technik-Prophetie im Silicon Valley entstand, ist kein Zufall. Die dort ansässigen, tonangebenden Unternehmen inszenieren sich mit missionarischem Eifer als Menschheitsbeglücker und Weltenretter. Die »totalitäre Versuchung«[106], die mit solcher Hybris einhergeht, verbindet die Tech-Religion mit den traditionellen Glaubensgemeinschaften. Wer sich im alleinigen Besitz der Wahrheit wähnt, neigt zu Übergriffen, etwa auf lästige Konkurrenten.

Heute leisten sich zahlreiche Firmen Technology Evangelists – selbst deutsche Mittelständler, die damit demonstrieren wollen, dass auch sie bei der Digitalisierung vorn mit dabei sind. Die Fachzeitschrift *Absatzwirtschaft* charakterisiert den Berufsstand als »Begeisterungsträger für Produkte«, womit wir beim eigentlichen Kern wären: Technology Evangelists sind gut bezahlte Mietmäuler. Sie wechseln den Arbeitgeber, ohne mit der Wimper zu zucken, um mit dem immer gleichen aufgesetzten Eifer die jeweils gewünschte Heilsgeschichte zu erzählen. Das unterscheidet sie von den Evangelisten alter Schule.

3

EUPHEMISMEN
VOM TÄUSCHEN UND TARNEN

Im Geschäftsleben herrschen auch heute noch raue Sitten: → Start-ups verdrängen mithilfe → disruptiver Geschäftsmodelle und Unmengen an Venture Capital ruckzuck alteingesessene Unternehmen. Firmen aus dem Silicon Valley sind auf diese Art zu Superstars aufgestiegen und verteidigen ihre Monopol-Stellungen mit Zähnen und Klauen. Ihre Konkurrenten halten sie durch Kampfpreise auf Abstand oder kaufen sie einfach vom Markt weg. Kunden fesseln sie durch den Lock-in-Effekt, der den Wechsel zu einem anderen Anbieter durch allerlei Hindernisse erschwert. Gern beschäftigen Firmen nach dem Vorbild des Pioniers Ikea Kunden als Gratismitarbeiter nach dem Motto: Schraubst du noch oder lebst du schon? Oder sie heuern moderne Tagelöhner an, die als formal selbstständige Unternehmer Essen ausliefern, nachts Elektroroller in ihrer Wohnung aufladen oder andere lästige Aufgaben gegen Hungerlöhne übernehmen. Solch unschöne Blüten, die der Kapitalismus treibt, gilt es durch Floskeln zu überdecken.

AUF AUGENHÖHE

Diese Phrase soll den Eindruck erwecken, dass sich Mächtige und weniger Mächtige von Gleich zu Gleich begegnen können. Immerhin macht die Metapher zumindest deutlich, dass dies nicht ohne Anstrengung möglich ist: Um auf Augenhöhe zu kommen, muss der Größere in die Knie gehen oder der Kleinere einen Hocker besteigen.

Gern verwendet wird die Floskel, um der Welt zu demonstrieren, dass die da oben keine Berührungsängste mit denen da unten haben. Zu diesem Zweck verbreitete der Salzgitter-Konzern eigens eine Pressemitteilung über ein Treffen namens »Vorstand meets Azubi«. Lehrlinge durften drei Vorstandsmitgliedern die Ergebnisse eines Workshops präsentieren; ein Ziel der Aktion war »ein offener Austausch auf Augenhöhe«.[107] Ohnmächtige nutzen die Floskel dagegen, um ihren unrealistischen Wünschen Ausdruck zu verleihen. So träumt man beim HSV seit Jahrzehnten davon, auf Augenhöhe mit dem FC Bayern München zu kommen. Die dritte Variante dient dazu, die Gegenseite hinters Licht zu führen: So sprechen Manager, die eine andere Firma übernehmen wollen, gern von einer Fusion auf Augenhöhe – um, wenn sie dann vollzogen ist, ohne Rücksicht auf Verluste beim übernommenen Unternehmen aufzuräumen. Das ist ein Grund, wieso die vielbeschworenen → Synergien häufig ausbleiben.

COMMITMENT

Christoph Vilanek, Vorstandsvorsitzender des Telekommunikationsunternehmens Freenet, sagte dem Magazin *brand eins* einmal, dass er von seinen Mitarbeitern Gefolgschaft verlange.[108] Derartiger Klartext von Topmanagern ist selten. Die meisten bevorzugen die Bezeichnung Commitment (Verpflichtung), um ihre Leute einzunorden. Die

Chefin und ihr Team committen sich, ein bestimmtes Projekt voranzutreiben und diese oder jene Ziele zu erreichen.

Das klingt nach freiwilligem Bekenntnis und Hingabe. Allerdings neigen Vorgesetzte dazu, Ziele abrupt zu ändern und Projekte zu beerdigen, was bei den Untergebenen, die sich alle naselang neu committen sollen, zu kognitiven Dissonanzen führen kann.

Außerdem macht eine verordnete Selbstverpflichtung ebenso wenig Freude wie verordnete → Begeisterung. Das geht auch Führungskräften alter Schule so, die sich ebenfalls zu bestimmten Commitments bemüßigt fühlen, um bei Aktionären, Kunden oder Mitarbeitern einen guten Eindruck zu machen. Die Lösung des Problems: Man formuliere die Selbstverpflichtung so schwammig, dass ihre Einhaltung niemals überprüft werden kann. So wie das Versicherungsunternehmen Talanx mit seinem »Nachhaltigkeits-Commitment des Vorstands«, in dem sich Sätze wie dieser finden: »Der Talanx-Konzern integriert ökologische, gesellschaftliche und Governance-Aspekte in seine Geschäftstätigkeit.«[109] Eine Variante besteht darin, sich wortreich zu einem Geschäftsgebaren zu verpflichten, das ohnehin selbstverständlich sein sollte. So macht es ein Personaldienstleister namens Rebel Recruiting auf seiner Homepage: »Wir committen uns zu Euch, mit unserer Zeit und unseren Ressourcen, um mit voller Aufmerksamkeit und als kompetenter Partner an Eurer Seite stehen zu können.«[110]

CONTENT MARKETING

Darunter versteht man Werbung, die auf Inhalte setzt – ein unfreiwilliger Hinweis darauf, dass gewöhnliche Reklame offenbar inhaltsfrei ist. Das Lexikon onlinemarketing.de liefert folgende, buzzwordgesättigte Definition: »Der Begriff Content Marketing bezeichnet einen Marketing- beziehungsweise Geschäftsprozess im Rahmen einer Kommunikationsstrategie, bei der relevante und wertvolle Inhalte kreiert werden, die auf eine bestimmte Zielgruppe ausgerichtet sind. Ziel ist es, potenzielle Kunden durch diese Inhalte anzuziehen und darüber hinaus profitable Handlungen zu generieren.«[111] Soll heißen: Unternehmen erzählen Geschichten, die den Leuten so gut gefallen, dass sie auch das Unternehmen toll finden und dessen Produkte kaufen.

Mitschuldig an dem Trend ist Bill Gates, der Gründer von Microsoft. Er verfasste 1996 einen Aufsatz über die Zukunft des Internets mit der Überschrift »Content is king«. Der Titel wurde zum geflügelten Wort, und immer mehr Unternehmen fühlten sich bemüßigt, Content zu produzieren. Einige unterhalten zu diesem Zweck sogar eigene Newsrooms. Diese Bezeichnung ruft nicht zufällig Assoziationen mit Nachrichtenredaktionen unabhängiger Medien hervor – nur dass in den Newsrooms etwa von Daimler, Lidl oder Coca-Cola ausschließlich gute Nachrichten in eigener Sache fabriziert werden.

Werbung im journalistischen Gewand ist nicht die feine englische Art, das sieht sogar mancher Manager so. Johannes Vetter, damals Kommunikationschef des österreichischen Energiekonzerns OMV, schrieb 2016 in der Tageszeitung *Der Standard* einen Beitrag mit dem Titel

»Content-Marketing hat uns der Teifl (hochdeutsch: Teufel) gebracht«. Vetter warnte vor »einer Welt, in der jedes Unternehmen sein eigenes Pseudomedienunternehmen mit eigenem Corporate TV und eigenem Newsroom ist, das den Content produziert, den es eins zu eins gegen Einwurf von Münzen in Medien platziert: zu einem weit höheren Preis – dem der eigenen Glaubwürdigkeit.«[112]

Abgesehen von solchen ethischen Erwägungen fragt man sich, ob die Welt in Zeiten des Informations-Overkills Content wie diesen aus dem Lidl-Newsroom wirklich braucht: »›Next Level Meat‹-Roadshow: Lidl tourt mit veganen Produkten durch Deutschland.«[113]

CUSTOMER XXX

Der Kunde ist König und hat immer recht. Gegen diese vollmundigen Versprechen wird im Geschäftsleben tagtäglich verstoßen. Besonders Kunden, die individuelle Wünsche äußern oder sich beschweren, stören die betrieblichen Abläufe, was ihnen – sofern sie es schaffen, ihr Anliegen bei einem Call Center Agent in Görlitz, Sofia oder Bangalore vorzubringen – auf mehr oder weniger diplomatische Weise mitgeteilt wird. Das geschieht, obwohl mittlerweile eine regelrechte Kundenbeglückungsbürokratie samt vielverheißender Begriffe existiert, die den Konsumenten zum Mittelpunkt des Universums erklärt. So wird der Prozess des Sich-für-ein-Produkt-Interessierens über den Kauf bis hin zur Inanspruchnahme der After-Sales-Services als Customer Journey verklärt. Was der Konsument auf der Reise zu den verschiedenen Touchpoints erlebt, die ihn mit dem entsprechenden Unternehmen in Berührung bringen, wird verheißungsvoll als Customer Experience bezeichnet. Firmen, die an nichts anderes denken als an ihre Kunden (Customer Centricity), verfügen über ein ausgeklügeltes Customer Relationship Management (CRM), um die Beziehungen zur eigenen Klientel effizient und gewinnbringend zu gestalten. Einen Eindruck von der Arbeitsweise solcher CRM-Systeme bekommt, wer zum Beispiel in einem Online-Shop eine Harke für den Garten gekauft hat und in der Woche darauf per Mail wieder eine angeboten bekommt – weil der entsprechende Algorithmus nicht clever genug ist zu erkennen, dass Harken keine Produkte sind, die man wöchentlich neu erwirbt.

Womöglich wäre es klüger, wenn Firmen sich den Aufwand für CRM sparten und sich stattdessen auf ihr → Kerngeschäft konzentrierten. Das Magazin *brand eins* stellte vor einigen Jahren Geschäftsleute in New York vor, darunter einen Pizzabäcker, einen Suppenkoch und einen Barbetreiber, die ihren Kunden detaillierte Verhaltensvorschriften machten, Sonderwünsche kategorisch ablehnten und Leute bei kleinsten Regelverstößen vor die Tür setzten. Diese Unternehmer konnten sich vor Besuchern dennoch kaum retten, weil ihre Angebote heiß begehrt waren. Der Beitrag trug den Titel: »Der Kunde ist wenig«.[114]

FINANZINDUSTRIE

Eine Kombination zweier Worte, die eigentlich nicht zueinanderpassen. Industrie steht für Realwirtschaft. In der Finanzsphäre werden dagegen keine Waren, sondern fiktive Geldtitel gehandelt: Aus Geld soll mehr Geld werden. Das Aufkommen des Begriffs »Finanzindustrie« zeigt, wie selbstbewusst und dominant die Finanzkapitalisten geworden sind. Außerdem soll damit der Eindruck erweckt werden, dass Banker am laufenden Band nützliche Produkte herstellen. Dass dies nicht unbedingt der Fall ist, zeigte die im Jahr 2007 beginnende Weltfinanzkrise, ausgelöst unter anderem durch Derivate. Das sind Finanzinstrumente, die Kursschwankungen oder Preiserwartungen anderer Investments überproportional nachvollziehen – und damit enorm viel Geld bewegen. Der Investor Warren Buffett bezeichnete sie als »finanzielle Massenvernichtungswaffen«[115].

Eine weitere Besonderheit des Geldgewerbes: Es gibt dort, anders als bei Autohändlern, in Kaufhäusern oder Supermärkten, keine Verkäufer, sondern ausschließlich Bankberater, obwohl man von denen meist deutlich schlechter informiert wird als beispielsweise vom Fleischfachverkäufer an der Frischetheke.

FLEXIBILITÄT

Plastikwort par excellence, das immer und überall zu passen scheint. Flexibilität bedeutet Biegsamkeit, Elastizität, Anpassungsbereitschaft und gilt als erstrebenswert – für Menschen, Unternehmen oder ganze Märkte. Unternehmer wünschen sich flexible Mitarbeiter, die sich rasch auf neue Anforderungen einstellen und gern mit umziehen, wenn der → Standort verlegt wird. Angestellte wünschen sich flexible Arbeitszeiten, um Beruf und Familie zu vereinbaren oder mal ein Sabbatical einzulegen, wenn ihnen danach ist. Kunden wünschen sich flexible Unternehmen, die ihnen jeden Sonderwunsch ruckzuck erfüllen. Allerdings lassen sich diese vielfältigen Ansprüche schwer miteinander vereinbaren, weshalb mehr Flexibilität selten zu einer Win-win-Situation führt, oft aber dazu, dass sich eine Seite deutlich mehr ins Zeug legen muss, damit die andere es bequemer hat. Hinter dem wohlklingenden Begriff »Flexibilität« können sich daher sehr schlechte Deals verbergen.

Das gilt besonders für größere Flexibilisierungsprojekte. So forderten nach der Jahrtausendwende Wirtschaftsverbände, einflussreiche Ökonomen und Publizisten vehement die Flexibilisierung des deutschen Arbeitsmarkts – nur dann könne die Erwerbslosigkeit sinken und das Land im Standortwettbewerb bestehen. Die damalige rot-grüne Bundesregierung erhörte diese Forderung; ab 2003 wurden die sogenannten Hartz-Gesetze verabschiedet. Sie bedeuteten unter anderem harte finanzielle Einschnitte und mehr Druck für Arbeitslose sowie die Ausweitung von Leiharbeit und Minijobs.

Danach ging die Erwerbslosigkeit tatsächlich zurück, was aber Fachleuten zufolge weniger der Flexibilisierung des Arbeitsmarkts zu verdanken war als der steigenden internationalen Nachfrage nach hochwertigen Gütern made in Germany. In der Folge sanken auch die durchschnittlichen Einkommen in Deutschland: In einer der reichsten Nationen der Welt erhalten knapp 22 Prozent der Beschäftigten Niedriglöhne; in kaum einem anderen EU-Land ist die Quote so hoch.[116] Für die arbeitenden Armen hat sich der flexible Arbeitsmarkt definitiv als schlechtes Geschäft erwiesen.

INFLUENCER

Auf Deutsch klingt das Wort wie »Influenza« und hat sich – jedenfalls in den Medien – ähnlich wie eine Grippe ausgebreitet. Influencer ist der Traumberuf der Generation Youtube, die sich die Sache so vorstellt: Ich tue einfach, was ich ohnehin täte, filme oder fotografiere mich dabei, und meine Fans in den sozialen Medien folgen mir begeistert. Sie beobachten mich beim Spielen von Computergames, beim Shoppen oder einfach nur beim Schön-Aussehen. Die Community, die sich hinter mir versammelt, weil ich so einflussreich bin – Influencer eben! – lässt sich monetarisieren. Denn Firmen, deren Produkte ich anpreise, weil ich sie toll finde, bezahlen mich dafür. Geschäftsprinzip Selbstverwirklichung – wie geil ist das denn?

In Wahrheit handelt es sich bei den meisten Influencern und Influencerinnen allerdings um ein Marketingproletariat, das gegen vergleichsweise geringes Honorar Dinge hochjubelt. Wie generell im Marketing nimmt man es auch in dieser Szene mit der Wahrheit nicht allzu genau. So plauderte Vreni Frost, Bloggerin und Influencerin, Folgendes aus: »Instagram-Fakes sind ein riiiiiiiiesiges Thema. Bei Followern, unzähligen Likes und sogar Kommentaren wird getrickst, was das Zeug hält.«[117] Sie selbst hatte, so gestand sie, eine Agentur beauftragt, um für eine entsprechende Resonanz zu sorgen. Das ist dank Bots – also Computerprogrammen, die in diesem Fall automatisiert Leute im Netz dazu ermunterten, der Influencerin zu folgen – kinderleicht. Es sei »geil zu sehen«, so Frost, wie die Followerzahlen auf diese Weise stiegen: »Du machst dir vor, dass du wichtig bist, auch wenn es nicht stimmt. Und es ist zum Mechanismus geworden.«[118]

Die an und für sich wenig glamouröse Beschäftigung des Produkte-Hochjubelns wird durch das Zauberwort »Influencing« offenbar derart geadelt, dass es den selbsternannten Beeinflussern die Sinne vernebelt. So gab es in der Branche aufgrund der gesetzlichen Anforderung, Werbung als solche zu kennzeichnen, eine Riesenaufregung. Denn für manche Dinge, die Influencer aus rein persönlicher Überzeugung im Netz präsentierten, bekämen sie kein Geld – weshalb die Posts auch nicht als Werbung gekennzeichnet werden müssten. Dieses Argument bemühte auch die Spielerfrau und Influencerin Cathy Hummels, um sich gegen den Vorwurf der Schleichwerbung zu verteidigen. Das Landgericht München gab ihr in erster Instanz im April 2019 mit einer denkwürdigen Begründung recht: Es sei offensichtlich, dass Hummels Instagram-Profil rein kommerziell sei. Da die Leute wissen müssten, dass die Influencerin nie privat auf dieser Plattform sei, müsse sie Reklame auch nicht als solche kennzeichnen. Das Leben als Dauerwerbesendung – wie ungeil ist das denn?

KERNGESCHÄFT

Wer etwas Teures gekauft hat, das sich als wertlos erweist, wer in einer Sackgasse gelandet ist oder generell nicht mehr weiterweiß, könnte dies offen zugeben. Oder aber ankündigen: Wir konzentrieren uns auf unser Kerngeschäft. Letzteres klingt viel besser und wird von Erfolgsmenschen deshalb bevorzugt. Ob Manager eine für viel Geld übernommene Firma mit Verlust wieder abstoßen, Dependancen im Ausland schließen, die Kantine, die Poststelle oder den Kundendienst outsourcen – Konzentration aufs Kerngeschäft passt immer. Und wird derart häufig ins Feld geführt, dass sich die Frage aufdrängt: Wie kann es sein, dass Führungskräfte so oft den → Fokus verlieren?

Das ideale Gegenstück zur Konzentration aufs Kerngeschäft sind → Synergien. Sie werden von Konzernvorständen gern in Aussicht gestellt, um ruinöse Übernahmen zu rechtfertigen. Wenn diese sich dann als solche erweisen, konzentriert man sich wieder aufs Kerngeschäft. Ein ewiger Kreislauf: einatmen, ausatmen, einatmen, ausatmen – wie beim Yoga, nur weniger entspannend, vor allem für die Mitarbeiter.

MANUFAKTUR

Übergangserscheinung der Wirtschaftsgeschichte: kein reines Handwerk mehr, aber noch kein Industriebetrieb. Die Manufaktur (von *manus*, lateinisch »Hand«, und *facere*, »machen, herstellen«) löste den mittelalterlichen Handwerksbetrieb ab. In der Manufaktur arbeiteten verschiedene spezialisierte Gewerke an einem Endprodukt. Die Industrialisierung, also der massenhafte Einsatz maschineller Arbeit in Fabriken, machte dieser Produktionsweise den Garaus.

Doch auf wundersame Weise erstand die Manufaktur in der Postmoderne wieder auf – als Ausdruck der Sehnsucht nach der (angeblich) guten alten Zeit mit in sorgfältiger Handarbeit hergestellten, individuellen Produkten. Eigentlich läge hier der Begriff »Handwerk« näher, aber vermutlich assoziiert mancher damit einen Klempner, der nie Termine einhält und die Wohnung schmutzig hinterlässt. Manufaktur klingt feiner, gehobener, irgendwie exquisit.

Einen wesentlichen Beitrag zur Karriere des Begriffs leistete ausgerechnet der lupenreine Industriekonzern Volkswagen mit seiner gläsernen Manufaktur in Dresden. Sie wurde im Jahr 2001 vom damaligen Autokanzler Gerhard Schröder höchstpersönlich eröffnet. Dort konnten Besucher Arbeitern dabei zuschauen, wie sie im edlen Ambiente mit viel Glas und Parkettboden den Phaeton endmontierten. Die VW-Luxuslimousine erwies sich allerdings trotz dieser »Inszenierung für die Sinne«, so die Werbung, als Flop.‣

Doch das Konzept Manufaktur setzte sich durch. Heute gibt es Manufakturen für alles und jedes: von Marmeladen, Gewürzen und Senf über Fahrräder, Kunstblumen und Autowerkstätten bis hin zu Hundemöbeln, Computern und einer Einrichtung für ambulantes betreutes Wohnen in Bassum bei Bremen namens Systemische PROzess-Manufaktur.

Die Manufaktur soll Trost spenden in einer im Übrigen kalten (Waren-)Welt. Der Firmenclaim des zum Otto-Konzern gehörenden Retro-Versandhauses Manufaktum lautet: »Es gibt sie noch, die guten Dinge«. Allerdings haben sie ihren Preis. Dass sich mit echter oder vermeintlicher Manufakturware deutlich mehr verdienen lässt als mit gewöhnlicher, dürfte ein wesentlicher Grund für den Siegeszug der Manufaktur sein; der Begriff ist nicht geschützt. Orientierung und Ordnung verspricht der Verband Deutsche Manufakturen e. V., der auch ein entspre-

‣ Die Produktion wurde 2016 eingestellt. Mittlerweile wird in Dresden der E-Golf produziert.

chendes Siegel vergibt. Damit ist die Manufaktur in der bundesdeutschen Verbände-Republik endgültig angekommen, und kein technischer Fortschritt wird sie je wieder vertreiben.

MINUSWACHSTUM

»Vorwärts immer, rückwärts nimmer!«[119], rief Erich Honecker, der damalige Staatsratsvorsitzende der DDR, seinem Publikum bei der Festansprache zum 40. Jubiläum der Deutschen Demokratischen Republik am 7. Oktober 1989 zu. Der real existierende Sozialismus war kurz darauf bekanntlich am Ende, aber die den Fortschritt verherrlichende Losung passt auch zum Kapitalismus, wo vorwärts bedeutet: immer mehr. »Das System«, so der Schweizer Ökonom Mathias Binswanger, »funktioniert nur, wenn wir weiterwachsen – ob wir wollen oder nicht.«[120] Weil Wachstum die heilige Kuh des Kapitalismus ist, wird das Ausbleiben desselben äußerst ungern gesehen und benannt.

Glücklicherweise gibt es, zumindest sprachlich, einen schönen Ausweg: das Minuswachstum, eine Kombination zweier sich widersprechender Begriffe, die als bewusst verwendetes Stilmittel auch Oxymoron genannt wird.› Beim Minuswachstum ist allerdings eher von dem unbewussten Drang auszugehen, wenig erfreuliche Tatsachen zu beschönigen, so etwa bei einer Rede von Peter Altmaier vor dem Bundestag im Herbst 2018. Der Wirtschaftsminister musste damals einräumen, dass das Wachstum im dritten Quartal »eine Pause« gemacht habe: »Nach allem, was

› Das Oxymoron ist selbst ein Oxymoron, weil es aus den griechischen Begriffen *oxys* (scharfsinnig) und *moros* (dumm) zusammengesetzt ist.

wir wissen, sind diese 0,2 Prozent Minuswachstum darauf zurückzuführen, dass es Probleme in der Automobilindustrie mit Zulassungen, mit neuen Testzyklen gegeben hat. Das zeigt, wie anfällig, wie verletzlich dieses Wachstum ist.«[121] Im Unterschied dazu sind Schrumpfungen weniger sensibel, weshalb für eine Wortneuschöpfung wie »Plusschrumpfung« kein Bedarf besteht.

MITBEWERBER/MARKTBEGLEITER

Die Wirtschaftswelt wird immer niedlicher, jedenfalls sprachlich. Hatte Karl Marx den unerbittlichen Konkurrenzkampf noch mit dem prägnanten Satz »Je ein Kapitalist schlägt viele tot«[122] auf den Punkt gebracht, ist solcher Klartext heute nicht mehr angesagt. So steht der Begriff »Konkurrent« bei vielen Unternehmern und Managern heute auf dem Index, klingt er doch – auch wegen der harten Konsonanten – recht aggressiv. Wettbewerber kommt angenehmer rüber, Mitbewerber regelrecht sympathisch; da muss man unwillkürlich an Mitschüler denken und an ein harmonisches Beisammensein auf dem Pausenhof. Es geht aber noch softer mit der Neuschöpfung Marktbegleiter. Das Wort ruft die Assoziation reizender Menschen hervor, die älteren Damen auf dem Wochenmarkt den Einkaufskorb tragen.

Mit der Realität hat das wenig zu tun. In vielen Branchen herrscht ein harter Verdrängungswettbewerb; die Konzentration schreitet voran und übermächtige Internet-Konzerne benachteiligen systematisch kleinere Marktbegleiter beziehungsweise Marktpartner, weshalb Kartellbehörden regelmäßig hohe Strafen gegen sie verhängen.

Immerhin ergeben sich, wenn kuschelige Sprache auf harte Realität trifft, gelegentlich erhellende Momente. So klagte Nikolai Roth, Eigentümer und Geschäftsführer der Maklerplattform Maklaro, einmal: »Viele Marktbegleiter wollten uns bereits im Keim ersticken, weil sie nicht verstanden haben, dass man die Digitalisierung nicht aufhalten kann.«[123]

OPTIMIEREN

Ein auf den ersten Blick harmloser, ja beruhigender Begriff, der den Eindruck vermittelt, im Grunde sei alles prima, nur an dem einen oder anderen Schräubchen ließe sich drehen. Allerdings stecken hinter der Rede vom Optimieren häufig unerfreuliche Botschaften wie: Bei euch läuft's unrund. – Ihr habt Mist gebaut. – Wir haben ein Problem. Wenn der Chef also in einer Abteilung Optimierungsbedarf erkennt, sollten dort die Alarmzeichen angehen. Außerdem ist das Optimum, wenn überhaupt, nur mit größter Mühe zu erreichen, wahre Sisyphusarbeit also. Das erfahren all diejenigen, die sich dem Projekt der Selbstoptimierung verschreiben und irgendwann feststellen: Man macht und tut – und es ist nie genug.

OUTPLACEMENT

Dieser wohlklingende Anglizismus steht für Angestelltefeuern-im-Auftrag von anderen. Jene Dienstleister, die den Job für Unternehmen, die diese unangenehme Aufgabe outgesourct haben, übernehmen, nennt man Outplacement-Berater. George Clooney setzte dem Berufsstand mit dem Film »Up in the Air«, in dem er kreuz und quer durch die USA fliegt, um Leute zu entlassen, ein Denkmal. Sophia von Rundstedt, Geschäftsführerin einer gleichnamigen Personalberatung, beschrieb ihre Tätigkeit einmal – durch die Blume gesprochen – so: »Wir befähigen Unternehmen, den Trennungsprozess strategisch schlüssig und konstruktiv zu gestalten und zeigen dem betroffenen Mitarbeiter Wege auf, wie er sich am Arbeitsmarkt nachhaltig platziert.«[124]

Ob man sich überhaupt → nachhaltig am Arbeitsmarkt platzieren kann, darüber ließe sich trefflich streiten. Fakt ist hingegen: Je höher der zu entfernende Mitarbeiter in der Hierarchie steht, desto größer ist sein Outplacement- beziehungsweise Newplacement-Paket. Manche Firmen, die sich die Kosten für solche Services sparen wollen, versetzten Angestellte, für die sie keine Verwendung mehr haben, in intern Departure Lounges genannte Abteilungen, wo es keine sinnvolle Arbeit für sie gibt – in der Hoffnung, dass die Leute von selbst kündigen. Ein kleiner Kreis sehr privilegierter Angestellter muss auch nach Ende der Karriere nicht den Abflug machen. Aus alter Verbundenheit dürfen sie im Unternehmen Büros nutzen, selbst wenn es für sie dort nichts zu tun gibt. Die Deutsche Bank unterhält für Ex-Vorstände sogar ein eigenes Haus in der Nähe der Frankfurter Firmenzentrale, wie die *Zeit* berichtete.[125] Man nennt es intern »das Sterbehaus« – je angenehmer der Abschied gestaltet wird, desto weniger Schönreden ist nötig.

‣ PERFORMANCE/LEISTUNG

Moderne Gesellschaften pflegen den Mythos der Meritokratie, also der Vorherrschaft der Leistungsträger beziehungsweise High Performer. Dabei sprechen die Fakten eher für eine Selbstreproduktion angestammter Eliten: So studieren Kinder aus bürgerlichen Kreisen bei gleichem Notendurchschnitt viel häufiger als Arbeiterkinder, und Frauen verdienen bei gleicher Leistung nach wie vor weniger als Männer. Während Berufsgruppen wie Investmentbanker auch bei bescheidener Performance enorme Boni einstreichen (→ Incentive), brauchte es eine Pandemie, bevor Altenpflegerinnen einen kleinen Zuschlag auf ihre geringen Gehälter erhielten.

Die Vorstellung, dass sich Leistung lohne, hält sich dennoch hartnäckig. Dafür gibt es nicht zuletzt psychologische Gründe: Zum einen ertragen Menschen die alltägliche Plackerei besser in der diffusen Hoffnung, all das werde sich irgendwann auszahlen. Zum anderen führen diejenigen, die es geschafft haben, das gern auf die eigene Leistung zurück, statt auf den Zufall, gute Beziehungen oder den richtigen Stallgeruch.

In Unternehmen sind Leistung und ihre Messung seit fast 100 Jahren ein großes Thema des Managements, weil man daran interessiert ist, möglichst viel aus den Beschäftigten herauszuholen – wogegen sich diese mehr oder weniger offen zur Wehr setzen. Früher standen REFA-Männer‣ mit der Stoppuhr neben dem Fließband; heute gibt

‣ REFA steht für den Reichsausschuss für Arbeitszeitermittlung, der sich vor allem mit der Zeitmessung für Kalkulationen und Akkordarbeit beschäftigte. Er wurde 1924 von leitenden Angestellten großer deutscher Konzerne gegründet und ging zurück auf Ideen des US-amerikanischen Arbeitsforschers Frederick Taylor, dem Vordenker der Fließbandarbeit.

es zahlreiche Tools, um auch die Performance von Büroangestellten zu erfassen, inklusive ihrer sozialen Fähigkeiten oder Social Skills. Der Modehändler Zalando nutzt zu diesem Zweck eine Software namens Zonar. Sie sei, so die Personalchefin Astrid Arndt, »ein wichtiger Bestandteil unseres Talentmanagements, mit dem wir Mitarbeitern und Führungskräften gleichermaßen die Möglichkeit geben, sich 360-Grad-Feedback einzuholen und zu geben«[126].

Wissenschaftler, die das System für die gewerkschaftsnahe Hans-Böckler-Stiftung untersucht hatten, kamen zu anderen Ergebnissen: »Im Kern geht es darum, Beschäftigte permanent zu bewerten, zu kontrollieren und zu sanktionieren.« So werde ein Klima der Angst erzeugt und das Gehalt gedrückt. Mitarbeiter, die von den Wissenschaftlern befragt wurden, sprachen von »360-Grad-Überwachung«, »Stasi-Methoden« und dem Gefühl, »die ganze Zeit gute Miene zum bösen Spiel machen« zu müssen, um keine schlechte Bewertung zu bekommen.[127]

Der Mythos der Meritokratie bekommt durch derartiges Performance Management den einen oder anderen Kratzer. Zudem wird immer mal wieder bekannt, dass sich auch Tätigkeiten, die mit keinerlei Leistung verbunden sind, in erstaunlicher Weise auszahlen können. Dies machte in Österreich der Lobbyist und ehemalige FPÖ-Politiker Walter Meischberger mit einem denkwürdigen Satz deutlich. Er hatte mehr als 700 000 Euro Provision vom Bau-Konzern Porr erhalten, der 2002 in Wien die staatliche Bundesimmobiliengesellschaft (BIG) bei einem Bieterwettbewerb ausbootete. Das Angebot von Porr lag mit 30,5 Millionen Euro knapp über dem der BIG. Zwei Monate später reichte der Käufer das Objekt für 49 Millionen Euro an einen deutschen Investor weiter. Die enorme Wertsteigerung rief Korruptionsermittler auf den Plan, die vermuteten, dass Meischbergers Freund Ernst Karl Plech, damaliger Aufsichtsratschef der BIG, Insiderwissen weitergegeben hatte. Bei einem Telefonat, das abgehört wurde, wollte Meischberger von Plech wissen, für welche Leistung er eigentlich die Provision erhalten habe. Meischberger wörtlich: »Wos woa mei Leistung?« Plech konnte ihm da leider nicht helfen. Das Korruptionsverfahren gegen Meischberger wurde in diesem Fall von der Staatsanwaltschaft später eingestellt, weil zwei wichtige Zeugen nicht vernehmungsfähig waren.› Dennoch wird von seiner Lebensleistung vermutlich dieses eine, selbstentlarvende Zitat am längsten in Erinnerung bleiben.

In seinen Grundfesten erschüttert wurde der Leistungsdiskurs durch die Wahl Donald Trumps im Jahr 2016. Seitdem stellt sich die Frage: Wie kann man junge Leute dazu anhalten, fleißig zu lernen, um es zu etwas zu bringen, wenn es ein Mann ins höchste Amt der mächtigsten Nation der Welt schaffen konnte, der sich selbst zwar für »ein stabiles Genie«›› hält – in Wahrheit aber lediglich über die intellektuellen Fähigkeiten und das Benehmen eines schlecht erzogenen Zwölfjährigen verfügt?

› In einem anderen Korruptionsverfahren wurde Meischberger am 4. Dezember 2020 vom Landesgericht Wien für Strafsachen zu sieben Jahren Haft verurteilt. Das Urteil war bei Drucklegung des Buchs noch nicht rechtskräftig.

›› So äußerte sich Trump unter anderem auf Twitter und beim Nato-Gipfel im Juli 2018. Sein dortiger Auftritt wurde vom Sender NBC News gefilmt und ist bei Youtube zu sehen, https://www.youtube.com/watch?v=yJm-uqbNUqQ (abgerufen am 16.10.2020).

THEMA

Für tatkräftige und hochmotivierte Menschen in Führungspositionen gibt es grundsätzlich keine Probleme, sondern nur Herausforderungen. Falls sie bei dem Versuch, solche Challenges zu meistern, versagen, Unsummen verbrennen und/oder gegen Gesetze verstoßen, dann handelt es nicht um Misswirtschaft, skandalöses oder kriminelles Fehlverhalten, sondern um ein Thema (englisch: *issue*), höchstens noch um eine Thematik. Diese in größtmöglicher Neutralität gehaltenen Bezeichnungen für unerfreuliche Sachverhalte sollen sowohl nach außen als auch nach innen suggerieren, dass alles in Ordnung sei: Kein Grund zur Aufregung! Mustergültig exerzierte das die Volkswagen AG vor, nachdem aufgeflogen war, dass der Konzern Millionen Kunden Dieselfahrzeuge mit Schummelsoftware verkauft hatte, die dafür sorgte, dass die Autos nur auf dem Prüfstand Abgasgrenzwerte einhielten, während sie im Straßenverkehr die Luft verpesteten. In Wolfsburg reagierte man umgehend auf das Bekanntwerden dieses Skandals – mit einer Sprachregelung (neudeutsch → Wording). Im Zwischenbericht zum dritten Quartal 2015, in dem sich die Folgen dieses gigantischen Betrugs erstmals unter anderem in Form von »außergewöhnlichen Belastungen« in Milliardenhöhe widerspiegelten, ist konsequent von »Dieselthematik« die Rede, insgesamt 20 Mal.[128] Dieses Neusprech wurde in der gesamten Autoindustrie begeistert aufgegriffen. Wenn wir nun alle künftig von Lebensmittelthemen statt von Lebensmittelskandalen sprächen oder vom Dividendenthema statt vom organisierten Steuerbetrug durch Banken wie beim Cum-Ex-Skandal, dann gäbe es weniger Aufregung in der Welt.

USER/NUTZER

Die digitalen Pioniere von einst sind noch einfach so durchs Netz gesurft; heute regieren dort Konzerne, die ihre Kunden gern als Nutzer oder User bezeichnen. Das klingt nett und neutral, so wie »Nutzer des öffentlichen Nahverkehrs«, trifft die Sache aber nicht. Tatsächlich sind es die Unternehmen, die ihre Kunden ausnutzen, indem sie so viele Daten wie möglich von ihnen abgreifen und sie mit mehr oder weniger subtilen Methoden in ihren Netzen gefangen halten, um auf diese Weise enorme Profite zu erwirtschaften. Der Journalist und Aktivist Jannis Brühl, der sich mit seiner Small Technology Foundation für Alternativen zu dieser übergriffigen Technik einsetzt, drückt es so aus: »Es ist wie in landwirtschaftlichen Betrieben, nur für Menschen. Wir sind das Nutzvieh, wir werden bewirtschaftet. Google und Facebook beackern uns und extrahieren Informationen aus uns, während wir uns mit ihren funkelnden Spielzeugen beschäftigen.«[129] Brühl weist noch auf einen anderen bemerkenswerten Punkt hin: Die einzige andere Branche, in der das Wort »User« im Englischen noch verwendet werde, sei der Drogenhandel (*drug user*).

Der Nutzer ist also eine traurige Gestalt, kann allerdings im Rahmen seiner Möglichkeiten Karriere machen und zum Lead User aufsteigen. So werden im Businessjargon Leute genannt, die sich mit einer Sache gut auskennen und an Lösungen für Probleme tüfteln, die sich vermarkten lassen. Sie fungieren als Trüffelschweine für Unternehmen und helfen gratis oder gegen ein geringes Honorar, Trends aufzuspüren und Produkte zu entwickeln.

Am unteren Ende der Nutzer-Hierarchie steht der DAU, der Dümmste Anzunehmende User. So lästern IT-Leute über Menschen, die mit der Computertechnik nicht zurechtkommen. Für die wenig schmeichelhafte Bezeichnung gibt es noch allerlei Synonyme wie BDU (*Brain Dead User*) oder Error 40, also Fehler 40, was heißen soll, dass das Problem 40 Zentimeter vor dem Monitor sitzt. Nicht nett, aber immerhin ehrlich.

WORDING

Klingt weniger bürokratisch als Sprachregelung, bedeutet aber genau das: Vorgaben, wie Mitglieder von Organisationen mit Kunden, Geschäftspartnern oder der Öffentlichkeit → kommunizieren sollen. Apple hat für seine Verkäufer und Verkäuferinnen zu diesem Zweck eigens ein Handbuch mit detaillierten Anweisungen erarbeitet. Das Blog »Gizmodo« veröffentlichte Auszüge aus diesem »Genius Training Student Workbook«.[130] Demnach kann ein Apple-Computer nicht abstürzen – »er hört lediglich auf zu antworten«. Auf dem Index steht zudem das Wort »Fehler«, die Verkäufer sollen stattdessen von »Themen« oder »Angelegenheiten« sprechen. Ein Apple-Gerät wird auch nicht heiß, sondern höchstens »warm«. Ziel dieses Wordings ist es, Kunden einzulullen, damit sie gut gelaunt ihre Kreditkarte zücken und dem Konzern treu bleiben, auch wenn das Tablet mal abstürzt, pardon: nicht antwortet.

Die Steigerung von Wording ist Corporate Wording, also die Vorgabe, ein ganzes Unternehmen solle mit einer Stimme sprechen. Dass dies anscheinend unvereinbar mit gutem Deutsch ist, macht eine auf diesem Gebiet tätige Beraterin mit folgendem Satz deutlich: »Immer geht es beim Corporate Wording übrigens um eine kraftvolle Kommunikation, die widerstandsfähig ist gegenüber Umwelt und Mitbewerbern, aber auch gegenüber Aufweichungen und Verwüstungen durch die Sprecherinnen und Sprecher.«[131] Ein vor Vandalismus sicheres Wording – davon träumen Unternehmenskommunikatoren.

ZEITNAH

Ein gestelzter Ausdruck für das einfache Adverb »bald«. Als Imperativ ist es auch tatsächlich so gemeint: »Wenn Sie Ihren Termin verlegen wollen, rufen Sie bitte zeitnah in der Praxis an.« Als Versprechen wird es eher im Sinne von irgendwann gebraucht: »Wir werden uns zeitnah mit Ihnen in Verbindung setzen.« Weltläufige Business People bevorzugen im Schriftverkehr das Akronym asap von *as soon als possible* (»so bald wie möglich«): »Ich melde mich asap bei dir.« Viel eleganter drückt man sich seit je in der spanischsprachigen Welt aus. Dort sagt man statt zeitnah *mañana* (»morgen«), was »demnächst« bedeuten kann oder auch »nie«.

4

GUTFIRMENSPRECH
WIR RETTEN DIE WELT!

Das Gabler Wirtschaftslexikon definiert den Zweck einer Firma ganz nüchtern: »Ein Unternehmen ist eine wirtschaftlich-finanzielle und rechtliche Einheit, für die das erwerbswirtschaftliche Prinzip konstituierend ist.«[132] Doch das erscheint vielen Unternehmenslenkern und -lenkerinnen heutzutage als zu läppisch. Der schnöde Gelderwerb allein kann es ja wohl nicht sein, finden sie. Schließlich stifte ihre Firma auch einen Nutzen für die Allgemeinheit, neudeutsch → Purpose. Zudem kommt es in einer kritischen Öffentlichkeit und auch bei der eigenen Belegschaft nicht gut an, wenn Firmen die Umwelt ruinieren, ihre Angestellten sowie Lieferanten aus armen Ländern ausbeuten oder die Gesundheit gefährdende Produkte auf den Markt bringen. Aus diesem Grund sind sowohl etablierte Konzerne als auch → Start-ups dazu übergegangen, sich – mal mehr, mal weniger aufdringlich – als brave und vorbildliche Corporate Citizens zu inszenieren, die nichts anderes im Sinn haben, als die Welt zu einem besseren Ort zu machen. Die Betonung liegt auf inszenieren.

COMPLIANCE

Wer bei jeder Gelegenheit betont, ein gesetzestreuer Bürger zu sein, macht sich verdächtig: Wieso weist jemand auf etwas hin, das doch eigentlich selbstverständlich sein sollte? Im Wirtschaftsleben scheint diese an sich naheliegende Überlegung nicht angestellt zu werden – nur so ist die Karriere des Begriffs »Compliance« zu erklären, der nichts anderes verspricht, als dass sich Unternehmen an Recht, Gesetz und die guten Sitten halten. Viele Firmen leisten sich heute entsprechende Abteilungen und rufen mit ihnen in die Welt hinaus: »Wir wollen immer artig sein!« Wie glaubhaft das ist, führte exemplarisch ein namhafter deutscher Konzern vor, der nicht weniger als 550 Mitarbeiter mit den Aufgaben Governance (Unternehmensführung), Risk (Risikomanagement) und Compliance (Regeltreue) beschäftigte, zusammengefasst zu dem schönen Akronym (GRC). Zwei Führungskräfte dieses Unternehmens – Frank Fabian, seines Zeichens Chief Group Compliance Officer und Leiter Governance, Risk & Compliance, sowie Philipp Hartmann, Leiter Strafrecht – erläuterten in einem Buchbeitrag den Sinn ihrer Arbeit: Ein Unternehmen könne nur dann »nachhaltig erfolgreich wirtschaften, wenn es sich integer verhält und somit nationale und internationale Regeln sowie freiwillig eingegangene Verpflichtungen und ethische Prinzipien einhält«[133]. In ihrem Aufsatz priesen die beiden das tiefgestaffelte Compliance-System ihres Arbeitgebers mit gleich drei »Verteidigungslinien« an.

Bei dem Konzern handelt es sich um die Volkswagen AG, und das Loblied auf die Regeltreue erschien am 31. August 2015 im C. H. Beck Verlag. Drei Wochen später machte die Umweltbehörde der USA bekannt, dass Dieselmotoren von Volkswagen wegen illegaler Abschaltvorrichtungen viel mehr Schadstoffe ausstießen, als sie durften. Der Konzern hatte Millionen Käufer dieser Fahrzeuge betrogen. Bis heute hat der Dieselskandal Volkswagen knapp 30 Milliarden Euro gekostet.

Dass die Law-and-Order-Jungs aus Wolfsburg ihre Ahnungslosigkeit über die Jahre andauernden kriminellen Machenschaften zum ungünstigsten Zeitpunkt öffentlich zur Schau stellten, war zwar peinlich, aber sie befanden sich in prominenter Gesellschaft: Auch Martin Winterkorn, mehr als acht Jahre Chef des Autobauers, hatte von dem gigantischen Betrug in seiner Firma rein gar nichts mitbekommen. Das jedenfalls versicherte ihm das Präsidium des Aufsichtsrats in einer Ehrenerklärung vom 23. September 2015, in der es hieß: »Die Mitglieder des Präsidiums stellen fest, dass Herr Professor Dr. Winterkorn keine Kenntnis hatte von der Manipulation von Abgaswerten.« Was die Staatsanwaltschaft allerdings nicht hinderte, Anklage wegen schweren Betrugs gegen Winterkorn zu erheben.

Es war ein schwerer Schlag für die Compliance-Industrie – so könnte man meinen. Doch das Gegenteil ist der Fall: Die Zahl der mit dieser Aufgabe bei Volkswagen betrauten Mitarbeiter wurde nach Bekanntwerden des Dieselskandals auf rund 1300 mehr als verdoppelt – auf dass alle Welt sehe: Wir wollen noch artiger sein!

CORPORATE SOCIAL RESPONSIBILTY (CSR)

Die Idee der sozialen Verantwortung von Unternehmen ist schon Jahrhunderte alt. Sie geistert etwa als Figur des ehrbaren Kaufmanns bereits seit dem Spätmittelalter durch das Geschäftsleben und die Literatur. Thomas Mann setzte ihm 1901 mit den »Buddenbrooks« ein Denkmal: Johann Buddenbrook senior ist ein findiger Unternehmer, verlässlicher Geschäftspartner, fürsorglicher Arbeitgeber und um das Gemeinwohl besorgtes Mitglied der Lübecker Gesellschaft. Sein Wahlspruch lautet: »Mein Sohn, sey mit Lust bey den Geschäften am Tage, aber mache nur solche, daß wir bey Nacht ruhig schlafen können!«[134] Weil seine Nachfolger gegen diesen Rat verstoßen, ruinieren sie letztlich sowohl das Geschäft als auch die Familie.

Corporate Social Responsibilty verspricht, die Tugenden des ehrbaren Kaufmanns zu institutionalisieren. Unternehmen verpflichten sich zu verantwortungsvollem Verhalten im Dienst des Gemeinwesens und dokumentieren dies auch. Seit 2017 gibt es für bestimmte börsennotierte Firmen mit mehr als 500 Mitarbeitern eine gesetzliche Berichtspflicht: Sie müssen Stakeholder, also so genannte Anspruchsgruppen wie Aktionäre, Kunden oder Lieferanten, über die Auswirkungen ihres Tuns informieren. Mittlerweile existiert auch eine eigene CSR-Norm (DIN ISO 26000). Rund um das Thema hat sich ein bürokratischer Apparat entwickelt, der mit jedem Unternehmensskandal wächst, weil die ertappten Firmen danach vermehrt Anstrengungen unternehmen, sich als vorbildliche Corporate Citizens darzustellen. Glaubt man all den CSR-Reports, dann haben Topmanager das Ideal des ehrbaren Kaufmanns tief verinnerlicht.

Dass dem nicht so ist, wurde unter anderem während der Corona-Pandemie im Jahr 2020 deutlich – eigentlich die Gelegenheit für Konzerne, mit gesellschaftlichem Engagement zu punkten. Doch nicht wenige taten das

Gegenteil, etwa Adidas. Der Sportartikel-Hersteller, der 2019 rund zwei Milliarden Euro Gewinn gemacht hatte, behauptet von sich selbst: »Der Umgang mit unseren Stakeholdern ist klar: Wir bringen uns aktiv ein, hören zu, versuchen, ihre Ideen und Bedenken zu verstehen und zu handeln, wann immer es uns möglich ist.«[135] Dieses Bekenntnis hinderte den Adidas-Chef Kasper Rorsted jedoch nicht daran, aufgrund der finanziellen Einbußen durch die Schließung der Geschäfte während der Pandemie ab April 2020 keine Mieten mehr zu zahlen. Erst nach massiver öffentlicher Kritik ruderte er zurück und setzte die Zahlungen fort. Andere Aktiengesellschaften mit gut ausgestatteten CSR-Abteilungen schickten Zehntausende Mitarbeiter in Kurzarbeit und forderten weitere Staatshilfen, wollten aber keinesfalls auf die Dividendenzahlungen an ihre Aktionäre verzichten.

Die Beispiele zeigen: Wenn's um Geld geht, ist CSR für → Entscheider nur ein Lippenbekenntnis. Wäre es nicht besser, einfach darauf zu verzichten? Einer, der diese Frage klar mit Ja beantwortet, ist der Ökonom Aneel Karnani, Professor an der University of Michigan: »In Fällen, in denen private Gewinne und öffentliche Interessen in Einklang gebracht werden, ist die Idee der sozialen Verantwortung von Unternehmen irrelevant«, so sein Argument. In den Fällen, in denen Profit und die Interessen des Gemeinwesens »in direktem Widerspruch zueinanderstehen, ist ein Aufruf zur sozialen Verantwortung von Unternehmen fast immer wirkungslos, da es unwahrscheinlich ist, dass Führungskräfte freiwillig im öffentlichen Interesse und gegen die Interessen der Aktionäre handeln«.[136]

DIVERSITY MANAGER

Ein Beruf, der seine Existenz Emanzipationsbewegungen in den USA verdankt. Der Kampf verschiedener Bevölkerungsgruppen gegen Diskriminierung führte dort zu Änderungen in der Gesetzgebung und ab den 1990er-Jahren zur Einführung von Diversity Management in Firmen und anderen Organisationen, das für eine größere Vielfalt in der Zusammensetzung der Belegschaften sorgen soll. Die Verantwortlichen hatten vor allem zwei Motive, sich des Themas anzunehmen. Erstens drohen Firmen, denen nachgewiesen werden kann, Menschen aufgrund ihrer Hautfarbe, ihres Geschlechts oder ihrer sexuellen Orientierung zu diskriminieren, in den USA hohe Strafen. Zweitens verspricht Diversity Management bessere Geschäfte: Je vielfältiger die Belegschaft, desto erfolgreicher das Unternehmen. Wer Menschen unterschiedlicher Herkunft oder Religion beschäftige, habe Vorteile im globalen Wettbewerb, verstehe und erreiche verschiedene Zielgruppen besser. In den USA ist Diversity Management weit verbreitet, und auch hierzulande haben es viele Großunternehmen eingeführt. Diversity entwickelte sich zum Lieblingsschlagwort von Personalern.

Mittlerweile ist die Euphorie allerdings abgeklungen. Denn trotz jahrzehntelanger Debatten ist es in den meisten deutschen Firmen mit der Viefalt nicht weit her – erst recht nicht in der vermeintlich progressiven, aber extrem männerdominierten → Start-up-Szene. Außerdem hat man festgestellt, dass gut gemeinte Diversity-Initiativen nach hinten losgehen können, weil durch die Betonung von Unterschieden Gruppen-Egoismen befördert werden und Gemeinsamkeiten aus dem Blick geraten.

Zudem besteht die Gefahr einer Scheinvielfalt: In manch vermeintlich bunt gemischtem Vorstand entstammen die Mitglieder derselben sozialen Schicht, haben dieselben Business Schools besucht haben und ticken deshalb ähnlich.

Obwohl der Job des Diversity Managers sich oft als Mission impossible erweist, wurde er noch erweitert. Zunächst um die Verantwortung für Inklusion (auch Menschen mit Handicaps sollen einbezogen werden) und durch das in den USA seit einigen Jahren moderne Belonging (alle Mitarbeiter sollen ein Gefühl der Zugehörigkeit vermittelt bekommen). So dürfen sich Manager of Diversity, Inclusion and Belonging über einen schönen Dreiklang freuen – der noch Raum für weitere Wünsche lässt. Geeignete Kandidaten wären Caring (alle Mitarbeiter sollen pfleglich behandelt werden) und Believing (alle Mitarbeiter sollen an die Firma glauben).

FEEDBACK

Wenn die Leute einander auf konstruktive Weise Rückmeldung gäben über das, was gut, und das, was schlecht läuft, wäre die Welt ein besserer Ort. Das passiert jedoch nur selten, weil viele Menschen sich lieber selbst loben als ihre Mitmenschen. Und weil derjenige, der fundierte Kritik üben will, erst nachdenken und dann Haltung zeigen muss, was zu Konflikten führen kann – besonders dann, wenn das Gegenüber die geäußerte Meinung persönlich nimmt. Daher ist ehrliches Feedback rar, vor allem in hierarchisch strukturierten Organisationen. Viele Unternehmen begegnen dem Problem der fehlenden Feedback-Kultur mit Pflichtrückmeldungen in Form des Mitarbeiter- oder Jahresgesprächs – das bei Vorgesetzten und Untergebenen gleichermaßen unbeliebt ist. Die einen sehen es als lästige Zusatzaufgabe an, die anderen fühlen sich nicht wertgeschätzt, schon allein aufgrund der Zeitverzögerung des Feedbacks, wie es der Karriereberater und Publizist Martin Wehrle beschreibt: »Angenommen, Sie kochen täglich für Ihre Familie. Wann wollen Sie hören, ob Ihre Gerichte schmecken? Etwa schon beim Essen? Nach dem Prinzip des Jahresgesprächs müssten Sie erst mal 365 Tage abwarten. Falls die Familie Sie dann kritisiert, würden Sie mit Recht fragen: ›Warum nicht früher? Dann hätte ich etwas verändern können.‹ Und falls die Familie Sie lobt, werden Sie sich denken: ›Wenn es ernst gemeint wäre, hättet ihr's doch längst gesagt!‹«[137]

Eine weitere Eskalationsstufe markiert das sogenannte 360-Grad-Feedback. Es wurde Ende der 1970er-Jahre in der israelischen Armee zur Leistungsbeurteilung hoher Militärs entwickelt und gehört heute in vielen größeren Firmen zum Standardrepertoire der → Personalentwicklung. Dabei werden die Kompetenzen von Führungskräften der unteren oder mittleren Hierarchie (nie aber die von Topmanagern) aus verschiedenen Blickwinkeln beurteilt: von Mitarbeitern, Kolleginnen, Vorgesetzten, Geschäftspartnerinnen und von ihnen selbst. Das Ganze läuft anonym mit standardisierten Fragebögen ab; Antwortmöglichkeiten sind beispielsweise: »Entscheidungen schiebt mein/e Vorgesetzte/r auf andere ab.« Oder: »Mein/e Vorgesetzte/r sitzt Konflikte gerne aus.« Das Ergebnis der Rundumbeurteilung wird in einem Bericht zusammengefasst, den die Personalabteilung, der Beurteilte und häufig auch dessen Vorgesetzte bekommen. Der Feedback-Nehmer soll anhand des Fremdbilds zum Beispiel mithilfe eines → Coachs an sich arbeiten, damit er beim nächsten Mal besser abschneidet und zum Wohle der Firma performt.

Die Methode beruht auf drei Annahmen. Erstens: Viele Augen sehen mehr als zwei. Zweitens: Verschiedene, teils konträre Urteile lassen sich zu einem stimmigen Gesamtbild zusammenfassen. Drittens: Die Feedback-Geber verhalten sich fair und objektiv. Alle drei Annahmen sind weltfremd.

Kritiker wenden zudem ein, dass man in einer vertrauensvollen Umgebung keiner anonymen Rundumbeurteilung bedarf. Und dass ein 360-Grad-Feedback dort, wo dies nicht der Fall ist, zusätzliches Misstrauen säen kann. Oswald Neuberger, Professor für Psychologie mit dem Forschungsschwerpunkt Mikropolitik, urteilte einmal so: »Es gibt viele Möglichkeiten, aus Führungskräften unmündige, dressierte und kontrollierte Befehlsempfänger zu machen; eine davon ist die 360-Grad-Beurteilung. Einzigartig an dem Instrument ist bestenfalls sein Image: Es gibt kaum eine andere Kontroll- und Steuerungsvariante, die sich leichter vernebeln und noch dazu als kulturelle Wohltat verkaufen lässt.«[138]

Es gibt aber noch einen weiteren Vorzug: Der bürokratische und damit auch finanzielle Aufwand für ein 360-Grad-Feedback ist enorm – weshalb Personalberater und → Coaches es aus geschäftlichem Eigeninteresse über den grünen Klee loben.

HUMAN RESOURCES (HR)

Früher hieß es »Personalwesen«, mittlerweile ist die englische Bezeichnung »Human Resources« üblich. Wörtlich übersetzt bedeutet es »menschlicher Rohstoff«, was wenig respektvoll klingt. Andererseits sind Rohstoffe lebenswichtig für Firmen, und dass mit Ressourcen pfleglich umgegangen werden sollte, lernt heute jedes Kind. Manager betonen zudem bei jeder sich bietenden Gelegenheit, dass die Mitarbeiter und Mitarbeiterinnen ihr wichtigstes Kapital seien. Die dafür zuständigen Personaler fristen in vielen Firmen allerdings ein Schattendasein und werden von Kollegen und Kolleginnen anderer Ressorts nicht recht ernst genommen.

Die moderne, englische Bezeichnung für ihre Tätigkeit dient daher auch der Hebung des Selbstbewusstseins – Aitsch-Ar-Manager klingt schneidiger als Personalsachbearbeiter. Zudem tröstet man sich in den HR-Abteilungen damit, dass man fürs Menschliche im Betrieb zuständig ist und bei den jeweils neuesten → Personalentwicklungs-Methoden *up to date* sein kann: vom → Diversity Management über → New Work bis hin zum → Achtsamkeitstraining. So tragen die Personaler gemeinsam mit ihren Kollegen aus dem Marketing am fleißigsten zur beständig wachsenden Stoffsammlung fürs Buzzword-Bingo› bei.

Zu den ungeliebten Aufgaben fürs Human-Resources-Management gehört die Ausführung der in regelmäßigen

› Spiel, um Meetings, Konferenzen oder Präsentationen unterhaltsam zu gestalten. Die Teilnehmer bekommen Karten mit abgedroschenen Schlagwörtern (engl. *buzzwords*), die sie nach Belieben in einer Matrix anordnen können. Fällt ein bestimmter Begriff, wird er abgestrichen. Wer eine vollständig gefüllte Reihe, Spalte oder Diagonale vorweisen kann, hat gewonnen. Ganz Mutige stehen dann sogar auf und rufen »Bingo« beziehungsweise »Bullshit«.

Abständen vom Vorstand beschlossenen Programme zum Stellenabbau. Immerhin tragen auch diese schöne Namen wie »Save for Service« (Deutsche Telekom), »Perform to win« (Eon) oder »Herkules« (Axel Springer).

KOLLABORATION

Im Französischen dient der aus dem Lateinischen stammende Begriff als Schimpfwort für jemanden, der mit dem Feind zusammenarbeitet. Dazu zählen Franzosen und Französinnen, die während des Zweiten Weltkriegs mit den nationalsozialistischen Besatzern gemeinsame Sache machten. In jüngerer Zeit setzte sich vor allem in Wirtschaftskreisen im Zuge der Übernahme des englischen *collaboration* eine ganz andere, positive Lesart durch. Kollaboration steht im Businessjargon für eine neue Form der Zusammenarbeit, sozusagen Zusammenarbeit 4.0. Dabei spielen Collaboration Tools eine wichtige Rolle. Das sind Programme, mit denen man von verschiedenen Orten aus gemeinsam an Dokumenten und Projekten arbeitet, auf verschiedenen Kanälen kommuniziert oder sich zu Telefon- beziehungsweise Videokonferenzen treffen kann. Mehr → Flexibilität, mehr Freiheit, mehr Austausch, eine neue Form der → Teamarbeit über alle Grenzen hinweg – das ist das Versprechen.

Einen großen Schub erhielt die Technik durch die Corona-Pandemie im Jahr 2020, als viele Beschäftigte an den heimischen Schreib- oder Küchentisch umziehen mussten. Verbunden mit der Erkenntnis, dass bei der Arbeit aus der Ferne (neudeutsch: Remote Work) ähnliche Phänomene auftreten wie bei der im Büro. Manche Kollegen und Kolleginnen sind konzentriert bei der Sache, andere spammen sämtliche Kanäle der Kollaborations-Plattform mit sinnfreien Posts zu, um Aktivität zu demonstrieren oder sich wichtig zu machen. Online-Konferenzen können wegen schlechter Bild- und Tonqualität noch quälender ausfallen als klassische → Meetings.

Einen Vorteil aber haben die Collaboration Tools: Sie taugen auch dazu, sich ungeliebter Zusammenarbeit elegant zu entziehen. Wer bei der Videokonferenz sein Mikrofon ausschaltet und den Bildausschnitt geschickt wählt, kann nebenbei private Korrespondenz erledigen oder einen Krimi lesen.

KULTUR

Einst stand der Begriff für alles, was der Mensch selbst hervorbringt, was also nicht Teil der Natur ist. Später verstand das Bürgertum unter Kultur das Wahre, Gute und Schöne, woran findige Kulturschaffende heute anknüpfen, um profane Tätigkeiten und Gegenstände durch die Koppelung mit dem verheißungsvollen Wort aufzuwerten. Das bescherte uns beispielsweise die Körper-, Tisch-, Feedback- und Streitkultur. Außerdem wären da noch die Fahr-, Wohn-, Schlaf-, Wurst- und Rasierkultur. Nicht zu vergessen die Dating-, Pausen- und Sicherheitskultur, die Rauchkultur 2.0 sowie die → proaktive Achtsamkeitskultur.

Diese wahre Inflation an Kulturen erinnert an ein ähnliches Phänomen gegen Ende des 19. Jahrhunderts: Zu jener Zeit entwickelten sich die sanften Kuppen, Almen, Wälder und Seen im Schweizer Aargau und Jura zu Sehnsuchtsorten für romantisch gesinnte Zeitgenossen. Das wiederum brachte später clevere Touristiker auf die Idee, Gegenden, die auch nur eine entfernte Ähnlichkeit mit dem Original aufwiesen, als Schweiz zu bezeichnen. Daher gibt es hierzulande 73 Landschaften, die so genannt werden: von der Anholter Schweiz (Kreis Borken) über die Hosteinische Schweiz bis hin zur Wolkensteiner Schweiz (Erzgebirge). Im Gegensatz zu den Kulturen vermehren sich die Schweizen glücklicherweise nicht mehr.

NACHHALTIGKEIT

Ein durch inflationären und unsachgemäßen Gebrauch bis zur Unkenntlichkeit abgenutzter Begriff. Eingeführt hat ihn 1713 der sächsische Oberberghauptmann Hans Carl von Carlowitz. Er forderte eine »nachhaltende« Waldbewirtschaftung, also nicht mehr Holz zu schlagen, als wieder nachwächst. Im Zuge der Umweltbewegung wurde das Konzept in den 1970er- und 1980er-Jahre ausgeweitet und auf das gesamte Ökosystem übertragen. Mit der bedauerlichen Nebenwirkung, dass seitdem Abermillionen Bäume sterben mussten, damit Unternehmen all die Nachhaltigkeitsberichte (englisch: Sustainability Reports) drucken konnten, mit denen sich heute viele Konzerne schmücken. Zu denjenigen, die sich als nachhaltig preisen, gehört British American Tobacco (BAT): »BAT verwandelt sich derzeit von einem Unternehmen, in dem Nachhaltigkeit schon immer wichtig war, zu einem Unternehmen, in dem Nachhaltigkeit in all seinem Handeln eine zentrale Rolle spielt.«[139] Selbstverständlich verfolgt der Fernsehsender Pro Sieben – dem wir TV-Perlen wie »Germany's Next Topmodel« verdanken – ebenfalls eine Nachhaltigkeitsstrategie, angepriesen mit dem flotten Slogan »We love to sustain«. Und auch der Rüstungskonzern und Automobilzulieferer Rheinmetall möchte da nicht abseits stehen: »Für Rheinmetall ist Nachhaltigkeit kein Modewort, sondern zentraler Bestandteil unserer Unternehmensführung.«[140]

Der Nachhaltigkeits-Overkill provoziert zwei Fragen: Wieso ist unser Planet in einem so bedauerlichen Zustand, wenn doch Ökologie ein Herzensanliegen der Mächtigen dieser Welt ist? Und gibt es noch irgendeine Sphäre, in der man vom Nachhaltigkeitgeschwätz verschont wird? Die Internet-Plattform »Utopia« verneint diese Frage: »Green Sex ist im Kommen: 9 Tipps für ein nachhaltiges Liebesleben.«[141]

PERSONALENTWICKLUNG

Die Zeit, als uns der einmal erlernte Beruf ohne große Veränderungen ein Leben lang erhalten blieb, ist für die meisten Arbeitnehmer und Arbeitnehmerinnen vorbei. Heute heißt es, regelmäßig dazuzulernen, um auf dem neuesten Stand zu bleiben. Viele Firmen unterstützen ihre Mitarbeiter aus guten Gründen bei der Weiterbildung; Großunternehmen haben Abteilungen für Personalentwicklung. Dort gilt das besondere Augenmerk High Potentials genannten Talenten, die für höhere Aufgaben vorgesehen sind. Das Arsenal der Personalentwickler reicht von der fachlichen Fortbildung bis zum Training sozialer Kompetenzen und → Coaching. Solche Angebote können für die Teilnehmer nützlich sein, sind allerdings mit einer unausgesprochenen Botschaft verbunden: Mach mehr aus dir – zum Wohle der Firma! Weil menschliche Entwicklung eine höchstpersönliche, individuelle Angelegenheit ist, hat der Anspruch, diese durch eine übergeordnete Instanz zu steuern und zu beurteilen, einen unschönen Beigeschmack. Eine Personalentwicklerin der besonderen Art führt dies einem größeren Publikum regelmäßig vor Augen. Heidi Klum bügelt Kandidatinnen in ihrer Sendung »Germany's Next Topmodel« gern so ab: »Du hast dich nicht entwickelt. Du bekommst heute kein Foto von mir.«

POSITIVER BEITRAG

Glaubt man den einschlägigen Verlautbarungen, ist es der eigentliche Sinn und Zweck von → Purpose driven Companies, einen positiven Beitrag zu leisten. Bei der Firma Lilium, die ein elektrisch angetriebenes Flugtaxi entwickelt hat, ist man beispielsweise überzeugt, »dass urbane Luftmobilität das Potenzial hat, einen positiven Beitrag für die Gesellschaft zu leisten«.[142] Die Deutsche Post DHL verspricht: »Wir wollen unsere Kernkompetenzen als weltweit führendes Transport- und Logistikunternehmen und das Know-how und die Zeit unserer Mitarbeiter so einbringen, dass ein positiver Beitrag für Gesellschaft und Umwelt entsteht.«[143] Und der Medienkonzern Sky erläuterte seinen »positiven Beitrag« einmal so: »Als Europas führendes Unterhaltungs- und Kommunikationsunternehmen versorgen wir unsere Millionen von Kunden mit dem allerbesten Fernseherlebnis.«[144]

Alles schön und gut, nur das Adjektiv irritiert. Läge der Nutzen des jeweiligen Beitrags auf der Hand, müsste nicht eigens betont werden, dass er positiv sei.

PURPOSE

Das englische Wort *purpose* ist vieldeutig und kann neben »Sinn« auch »Zweck, Ziel, Aufgabe« oder »Bestimmung« bedeuten. Unternehmen nutzen den Begriff, um herauszustellen, wie sie durch ihre Geschäftstätigkeit die Welt zu einem besseren Ort machen. Ein einflussreicher Propagandist dieser Botschaft ist Larry Fink, Chef des Unternehmens BlackRock, mit knapp 7,4 Billionen US-Dollar[145] größter Vermögensverwalter der Welt. Im Januar 2019 schrieb er in einem Rundbrief an die Vorstandsvorsitzenden großer Konzerne, dass ein Unternehmen nur dann auf Dauer Gewinne erzielen könne, »wenn es sich auf seinen Unternehmenszweck konzentriert und die Bedürfnisse seiner verschiedenen Stakeholder berücksichtigt. (…) Schlussendlich ist der Unternehmenszweck die treibende Kraft für langfristige Rentabilität.«[146]

Spätestens seitdem ist man in den Kommunikations- und Marketingabteilungen der Unternehmen fieberhaft auf Purpose- beziehungsweise Sinnsuche. Bei den Ergebnissen dieser Bemühungen lassen sich grob zwei Varianten unterscheiden. Die eine besteht darin, das, was man ohnehin tut, mit höheren Weihen zu versehen. So macht's zum Beispiel BlackRock selbst: »Unser Unternehmenszweck besteht darin, immer mehr Menschen zu finanziellem Wohlergehen zu verhelfen.«[147] Oder der TÜV Süd: »Wir schützen Menschen, Umwelt und Sachgüter vor technischen Risiken. So machen wir Fortschritt möglich.«[148] Oder die Deutsche Börse: »Bei der Deutschen Börse schaffen wir Vertrauen in die Märkte von heute und morgen.«[149]

Die andere Variante besteht aus wolkigen Versprechen und gängigen Floskeln. So heißt es bei Henkel: »Nachhaltig

Werte schaffen ist unser Unternehmenszweck, der alle bei Henkel vereint.«[150] Erstaunlicherweise verfolgt die Timm Fleisch- und Wurstmanufaktur GmbH mit Sitz in Oberhausen exakt dieselben Ziele: »Nachhaltig Werte schaffen ist unser Unternehmenszweck, der alle bei der Timm Fleisch- und Wurstmanufaktur GmbH vereint.«[151] Ebenso sieht man es bei einer Beratungsfirma namens Vertriebs Factory in Denkendorf: »Nachhaltig Werte schaffen ist unser Unternehmenszweck, der uns alle bei der Vertriebs Factory vereint.«[152]

Auffällig bei all diesen Purpose driven Companies ist, dass ein Satz selten bei ihnen vorkommt: Wir zahlen gern angemessene Steuern, damit das Gemeinwesen gedeihen kann.

UPCYCLING

Recycling war gestern. Nicht wieder-, sondern höherverwerten ist heute angesagt. An und für sich eine gute, wenn auch keine neue Idee: In der Zeit vor Ikea möblierten zum Beispiel Studenten ihre WGs mit alten Obstkisten. Findige Handwerker in den Slums armer Länder verwandeln das, was die Reichen wegwerfen, schon seit Langem in neue Produkte. In den Wohlstandsgesellschaften ist Upcycling dagegen mittlerweile Teil der Lifestyle-Industrie. Dem Kunden wird das gute Gefühl verkauft, seinen – wenn auch nur winzigen – Teil zur Lösung des Müllproblems beizutragen und sich durch ganz individuelle Objekte mit Geschichte von der Masse abzuheben. Zu den Pionieren auf dem Gebiet zählen die Schweizer Brüder Markus und Daniel Freitag, die in den 1990er-Jahren begannen, aus alten Lkw-Planen Taschen zu nähen, und damit ein florierendes Geschäft begründeten.

Ihre Idee wurde vielfach kopiert; heute ist das Upcycling-Sortiment unübersehbar: von der aus alten Plastikflaschen hergestellten Yogahose bis zu Turnschuhen, die zum Teil aus Kaffeesatz bestehen. Nicht wenige solcher Produkte erwecken allerdings den Eindruck, dass hier unter dem Deckmantel des Upcyclings Unrat zu überteuertem Unsinn veredelt wurde. So bietet beispielsweise die Firma House of Messur einen aus einem alten Münzbeutel der Bundesbank bestehenden »Geschenksack«[153] zum erstaunlichen Preis von 49,90 Euro an. Für die erste »Lufthansa Upcycling Collection«[154] wurden Business-Class-Decken aus einem ausrangierten Airbus A340-600 unter anderem zu Sportbeuteln und die Flugzeughaut zu Schlüsselanhängern weiterverarbeitet. Hier liegt der Verdacht nahe, dass es sich in Wahrheit um Downcycling handelt.

VERHALTENSKODEX (CODE OF CONDUCT)

Businesskatechismus, in dem aufgeführt wird, welche Regeln in der Firma gelten, was die Beschäftigten tun und was sie lassen sollten. In solchen Codes of Conduct steht prinzipiell immer das Gleiche, nämlich: Wir gehen fair miteinander, mit Kunden, Lieferanten und Konkurrenten um, halten uns an Recht und Gesetz und tun etwas für die Umwelt. Allerdings wird das nicht so kurz und deutlich ausgedrückt, sondern sehr, sehr viel ausführlicher und weitschweifiger. Der Verhaltenskodex des Chemie-Riesen BASF hat beispielsweise 24 Seiten und enthält unter anderem dieses Gebot: »Abfälle müssen in Übereinstimmung mit den gesetzlichen Vorschriften entsorgt werden.«[155] Der Bertelsmann Verhaltenskodex (46 Seiten) des gleichnamigen Medienkonzerns wartet mit Merksätzen wie diesem auf: »Produkte und Dienstleistungen dürfen weder Mängel noch gefährliche Eigenschaften aufweisen, welche die Gesundheit beeinträchtigen oder Eigentum schädigen könnten.«[156] Der Fahrzeug- und Maschinenbaukonzern MAN braucht sogar 76 Seiten für seine Selbstverpflichtung zu Selbstverständlichkeiten: »Wir treffen keine wettbewerbswidrigen Absprachen mit Wettbewerbern, Lieferanten oder Kunden. Soweit MAN eine marktbeherrschende Stellung innehat, missbrauchen wir diese nicht.«[157]

Für alle diese Kodexe gilt übrigens Ähnliches wie für religiöse Unterweisungen in Form von Katechismen: Kaum jemand liest sie freiwillig.

WERTE

Als der Popmusiker Marius Müller-Westernhagen 1978 folgende Liedzeilen textete, waren die Verhältnisse noch übersichtlich: »Glaubst du an den lieben Gott? Oder an Guevara? Ich glaube an die Deutsche Bank, denn die zahlt aus in bar.«[158]

Heute setzt die in der Zwischenzeit in zahlreiche Skandale verwickelte und stark geschrumpfte Deutsche Bank nicht mehr nur auf monetäre, sondern auch auf ganz andere Werte wie »Integrität«, »nachhaltige Leistung« oder »Partnerschaft«. Damit befindet sie sich in Gesellschaft vieler Firmen, die meinen, sich als moralisch einwandfrei darstellen zu müssen. Dazu dienen Unternehmensleitbilder, in denen die immer gleichen Werte aufgelistet werden: Ehrlichkeit, → Nachhaltigkeit, Respekt, Verantwortung und so weiter. Wer das liest, muss den Eindruck gewinnen, dass es in all diesen Firmen um nichts anderes als um das Gute, Wahre und Schöne geht. Weil dies in Wirklichkeit ganz offenkundig nicht der Fall ist, scheint die Produktion von Unternehmenswerten oder auch Core Values folgenlos zu bleiben.

Allerdings nicht bei der Deutschen Bank, die nach eigenem Bekunden an dieses Thema mit mathematischer Akkuratesse herangeht: »Unsere neuen Unternehmenswerte und Überzeugungen fließen in unsere Personalmanagementinstrumente wie Zielvereinbarung, das Performance Management, unsere Führungs- und Managementbewertungen sowie Instrumente zur Personalentwicklung ein. Wir entwickeln Kennziffern und Systeme, die es ermöglichen, die Umsetzung unserer Werte zu messen.«[159]

Diesbezüglich skeptischer ist der Organisationsforscher Stefan Kühl: »Moral funktioniert nicht wie eine Trivialmaschine, bei der man auf der einen Seite die Forderung nach moralgeleiteten Einstellungen hineinsteckt und dann auf der anderen Seite moralisches Handeln herauskommt«, schreibt er. »Der Effekt von Integritätskampagnen ist lediglich der, dass die Mitarbeiter ihr Handeln anders darstellen müssen. Angesichts der von der Organisationsspitze betriebenen Aufladung mit Werten müssen sie ihr Handeln nicht mehr nur als regelkonform, als effizient und innovativ, sondern zusätzlich auch als moralisch vorbildlich präsentieren. Solche Kampagnen zur Integrität produzieren genau das, was sie eigentlich verhindern wollen – Heuchelei.«[160]

WORK-LIFE-BALANCE

Versprechen und Verpflichtung zugleich: Früher war → am Ende des Tages Feierabend, heute sind Arbeit und Freizeit bei vielen Angestellten nicht mehr klar trennbar, da sie auf ihrem Smartphone ständig zu erreichen sind, womöglich regelmäßig mit Kolleginnen oder Geschäftspartnern in anderen Ländern über Zeitzonen hinweg kommunizieren müssen, vom Homeoffice oder von unterwegs aus arbeiten. Weil darunter Familie und Gesundheit leiden können, heißt es, Beruf und Privatleben in eine neue Balance zu bringen. Der Begriff Work-Life-Balance stammt aus dem angelsächsischen Sprachraum, klingt angenehm nach Wellness und wurde in den 1990er-Jahren hierzulande populär. Zahlreiche Unternehmen bieten ihren Mitarbeitern entsprechende Kurse an: von Yoga, Ernährungsberatung und Coaching zum individuellen Ressourcen- oder Stressmanagement bis hin zur »Lunch-Disco«, die man sich bei der Otto Group hat einfallen lassen. Das ist großzügig, aber nicht uneigennützig, weil es mit einer klaren Botschaft verbunden ist: Die Freizeit ist nicht zum Faulenzen da, sondern zur Selbstoptimierung.

Als leuchtendes Vorbild bietet sich übrigens Jeff Bezos an, Gründer und Chef von Amazon. Bei ihm sind Beruf und Privatleben nicht ausbalanciert, sondern Elemente eines sich selbst verstärkenden Systems, das an das Perpetuum mobile erinnert: »Wenn ich zu Hause glücklich bin, komme ich mit enormer Energie ins Büro. Und wenn ich bei der Arbeit glücklich bin, komme ich mit enormer Energie nach Hause.«[161]

Man muss also einfach nur glücklich sein, dann läuft's daheim und in der Firma!

5

PSYCHOTALK
ARBEIT ALS THERAPEUTISCHE VERANSTALTUNG

Ludwig Erhard, von 1949 bis 1963 Bundesminister für Wirtschaft, soll gesagt haben, Wirtschaft sei zu 50 Prozent Psychologie – und dieser Anteil ist seitdem enorm gestiegen. Psychologische Begriffe, Ideen und Techniken sind aus dem heutigen Unternehmensalltag nicht mehr wegzudenken. Das liegt auch daran, dass sich geschäftstüchtige Psychologen früh betriebswirtschaftlich relevanter Themen angenommen haben. Dazu zählt etwa die Personalauswahl: »Wir durchleuchten die Persönlichkeit der Kandidaten und finden so den Richtigen für die Stelle.« Oder auch die Lösung des Motivationsproblems: »Wir sorgen dafür, dass die Leute freiwillig tun, was sie tun sollen.« Zudem erfasste der Psychoboom der 1970er-Jahre zeitlich verzögert auch die Wirtschaftswelt. Mit der Folge, dass heute in vielen Firmen ein vordergründig softer Ton gepflegt wird, der an Selbsterfahrungsgruppen erinnert. Projekte werden angedacht, Mitarbeiter werden aufgefordert, sich einzubringen und sich dabei → selbst zu verwirklichen. Und wenn etwas schiefgeht, wird das nicht so genannt, sondern höchstens suboptimal, wovon der Chef dann nicht selten tief betroffen ist.

Die Psychologisierung der Wirtschaftswelt hat einerseits dazu beigetragen, dass der allgemeine Umgang in vielen Unternehmen ziviler geworden ist, andererseits macht die verbreitete Anforderung, Arbeit ganz persönlich zu nehmen und im Büro sein Innerstes nach außen zu kehren, den Job für viele Angestellte anstrengend.

ACHTSAMKEIT

Einer der aktuellen Psycho-Hits. Viele beklagen die allgemeine Beschleunigung und Hektik sowie die ständige Ablenkung durch das allgegenwärtige Internet. Wir alle, so das Lamento, können uns nicht mehr konzentrieren; die Aufmerksamkeitsdefizitstörung (ADHS) scheint den modernen Menschen im Griff zu haben. Glücklicherweise hat die Psychologie eine Lösung für das Problem – das Zauberwort heißt Achtsamkeit. Im Kern geht es darum zu lernen, sich auf das Hier und Jetzt zu konzentrieren und den Augenblick auszukosten. Der Vater der Bewegung ist Jon Kabat-Zinn, ein dem Zen-Buddhismus zuneigender amerikanischer Medizinprofessor. Er entwickelte in den 1970er-Jahren ein Training zur Reduzierung von Stress (Mindfulness-Based Stress Reduction). Diese von ihren spirituellen Ursprüngen abgelöste Meditationstechnik soll sich unter anderem positiv auf chronische Schmerzen, Schlafstörungen oder Ängste auswirken.

Da immer mehr Menschen unter Stress oder Konzentrationsschwäche leiden – oder dies annehmen –, gibt es über den engeren Kreis der Patienten hinaus einen Markt für die Methode. Sie verspricht in einer für die Psychologie typischen Weise, Probleme in Kompetenzen zu verwandeln: Alles soll trainiert und gekonnt werden, hier eben Achtsamkeit. Wie alle erfolgreichen Psychotechniken setzte sich diese nicht nur in der klinischen Praxis, sondern auch in der Wirtschaft durch. Denn zum einen lässt sich mit Konzernen mehr Geld verdienen als mit Kassenpatienten. Zum anderen ist man in Unternehmen um der Produktivität willen zunehmend am Wohlbefinden der Mitarbeiter interessiert. Mittlerweile berichten auch Vorstände von Großunternehmen stolz von ihren Meditationserfahrungen. Deutschlands erfolgreichster Softwarekonzern SAP leistet sich mit Peter Bostelmann sogar einen Director Global Mindfulness Practice – als Oberaufseher über die entsprechenden Trainings. Er ist ein gefragter Mann und stellt seine Ideen auch in anderen Konzernen vor. »Manchmal«, sagte Bostelmann der *Süddeutschen Zeitung*, »muss ich bei all den Anfragen aufpassen, mein eigenes Meditieren nicht zu versäumen.«[162] Der Mann ist sozusagen im Achtsamkeits-Stress.

Wie die meisten psychologischen Angebote lädt auch dieses zum Tanz ums Ich ein. Wohin das führen kann, schildert David Brendel, Coach für Führungskräfte in den USA: »Eine meiner Kundinnen verbrachte so viel Zeit damit, zu meditieren und ihr Leben ›achtsam‹ zu akzeptieren«, dass sie ihre eigentliche Rolle als Vorgesetzte vergessen habe. Er, Brendel, habe die Frau »wiederholt und nachdrücklich« daran erinnern müssen, dass Meditation nicht bedeute, »schwache Leistungen von Mitarbeitern zu tolerieren«.[163]

Glücklicherweise gibt es aber bereits einen neuen Trend, der besser zum → Mindset dieser Managerin passen könnte. Er kommt aus den Niederlanden und hat den schönen Namen »nixen«, was nichts anderes bedeutet als »nichts tun«.

ANFÜHLEN

Gefühle galten im Geschäftsleben früher als eher hinderlich. Heute ist es dagegen nicht nur gern gesehen, Gefühle zu haben, sie sollen auch zum Ausdruck gebracht werden. Dies gilt sogar für an sich wenig emotionale Branchen wie das Speditionsgewerbe. So verbalisierte Robert Blackburn, Vorstandsvorsitzender der Bundesvereinigung Logistik (BVL), seine Sorge vor einem Wirtschaftsabschwung im November 2019 folgendermaßen: »Die aktuelle Lage fühlt sich ein wenig an wie im Jahr 2008.«[164] Auch Carsten Breitfeld, Chef des Elektroautoherstellers Byton, ließ das Publikum bei der Präsentation eines neuen Geländewagens an seiner Befindlichkeit teilhaben. »Es fühlt sich an wie ein Traum, unser Baby der Welt zu zeigen.«[165] Und wer immer schon wissen wollte, wie es sich anfühlt, »Project Manager bei parsionate zu sein«, der kann sich dies in einem Video auf der Homepage der Firma anschauen.[166]

Firmen, die die Zeichen der Zeit erkannt haben, verpflichten sogar eigens Feelgood Manager, die darauf achten, dass bei der Belegschaft emotional alles im grünen Bereich ist. Vielleicht hat manch einer bei seiner verantwortungsvollen Tätigkeit diese lehrreichen Zeilen aus dem Neue-Deutsche-Welle-Hit »Blaue Augen« der Band »Ideal« im Ohr: »Das ist gefährlich. Lebensgefährlich. Zu viel Gefühl.«

ASSESSMENT CENTER (AC)

Ursprünglich vom Militär entwickelte vermeintliche Wunderwaffe, um soziale Kompetenzen ins Visier zu nehmen. Die Grundlagen des Gruppenauswahlverfahrens, heute allgemein »Assessment Center« genannt, legten die deutschen Psychologen Johann Baptist Rieffert und Max Simoneit in den 1920er-Jahren.[167] Sie entwickelten im Auftrag der Reichswehr ein System von Mess- und Prüfstationen für Offiziersanwärter. Eine Gruppe von Aspiranten wurde bei der Erledigung von lebensnahen Aufgaben von Fachleuten beobachtet, mit dem Ziel, »Menschenkenntnis zu objektivieren«[168]. Zu den Prüfungen zählte ein »Rundgespräch«[169], heute Gruppendiskussion genannt. Später setzten das britische und das US-Militär ähnliche Verfahren ein. Zum Mythos des AC trug bei, dass das Office of Strategic Services (OSS), der Vorläufer der CIA, die Psychotechnik während des Zweiten Weltkriegs zur Auswahl von Agenten nutzte. In den 1950er-Jahren folgten amerikanische Konzerne dem Beispiel; Ende der 1960er-Jahre kam das Assessment Center unter der englischen Bezeichnung nach Deutschland (*assessment* für »Beurteilung«).

Heute sind ACs weit verbreitet, vor allem zur Auswahl von Führungsnachwuchs. Durch die Simulation von Arbeitssituationen wollen die Unternehmen herausfinden, wie gut die Auffassungsgabe der Kandidaten ist, wie effizient sie Dokumente analysieren können und wie sie sich bei Konflikten verhalten. Gefragt ist die → flexible Persönlichkeit, die in jeder Lage geschmeidig reagiert. Der ideale Proband gibt sich im AC ebenso durchsetzungs- wie teamfähig, diszipliniert und locker, smart und bescheiden. Karin Posselt vom Hochschulteam der Arbeitsagentur Halle hat zusätzlich noch folgenden Tipp für die Selbstdarstellung parat: »Negativformulierungen sind zu vermeiden.« Als Alternative zu Reizwörtern wie »Krise« und »Problem« empfiehlt sie den Begriff Herausforderung.[170]

Daran, dass ACs halten, was sie versprechen, gibt es schon lange Zweifel. Verschiedenen Studien zufolge sagen sie kaum etwas über den künftigen beruflichen Erfolg aus. Zudem setzen die Gruppenprüfungen bei den Assessoren, also Beobachtern, übermenschliche Fähigkeiten voraus: Sie sollen neutral wie Messinstrumente funktionieren, sich nicht von Vorwissen, Vorurteilen oder dem Gesamteindruck eines Kandidaten leiten lassen. Die Praxis der »objektivierten Menschenkenntnis« aber sieht anders aus, zumal dann, wenn der Chef mit im AC sitzt und einfach aus dem Bauch heraus entscheidet.

Dass sich ACs trotz dieser Schwächen und des hohen Aufwands – sie können bis zu drei Tage dauern und fünfstellige Summen kosten – in Unternehmen so hoher Beliebtheit erfreuen, liegt nicht zuletzt an ihrer Spektakelqualität. Ein solcher Psychoparcours bringt Abwechslung ins wenig aufregende Leben der Personaler. Wann kann man schon Menschen dabei zuschauen, wie sie im Schweiße ihres Angesichts und die Karriere fest im Blick versuchen, anstrengende Übungen zu meistern?

Für die Kandidaten und Kandidatinnen ist der Marathon weniger amüsant. Zu diesem Ergebnis kam unter anderem eine Umfrage der *Wirtschaftswoche*, an der mehr als 500 Leser teilnahmen. Rund 65 Prozent meinten, Assessment Center seien »nur etwas für Selbstdarsteller«. Ohne Schauspieltalent sei man dabei chancenlos. Lediglich fünf Prozent stimmten der Aussage zu, dass sich Firmen mithilfe eines AC ein zutreffendes Bild von einem Kandidaten machen könnten.[171]

Das Unternehmenstheater geht dennoch munter weiter. Mittlerweile hat sich eine regelrechte AC-Industrie herausgebildet, zu der neben den Organisatoren von Gruppenprüfungen auch Autoren unzähliger Ratgeber und Anbieter von Vorbereitungskursen für Assessment Center stehen: The show must go on.

BURNOUT

Es ist die Managerkrankheit schlechthin. Ein Leiden, zu dem sich Führungskräfte gern bekennen – oder gar damit schmücken wie frühere Generationen mit Verwundetenabzeichen. Als Namensgeber gilt der New Yorker Psychoanalytiker Herbert Freudenberger, der sich in den 1970er-Jahren ehrenamtlich bis zur Erschöpfung um drogenabhängige Jugendliche kümmerte. Burnout wurde zunächst zur Chiffre für die Risiken selbstlosen Engagements und dann zur Plage der modernen Arbeitswelt, die auch Hochqualifizierte nicht verschont. Die Diagnose ist attraktiv, weil sie den Patienten sowohl entlastet als auch auszeichnet, denn nur wer für etwas brennt, kann ausbrennen.

Beim Burnout wird das »unternehmerische Selbst«[172] angesprochen, der Mensch also, der sich aus eigenem Antrieb erschöpft – für welche Ziele auch immer. Das passt zur Anforderung an Angestellte, wie Unternehmer (→ Intrapreneurship) zu denken und zu handeln, obwohl sie weder über das dafür notwendige Kapital, die Macht noch entsprechende Entscheidungsspielräume verfügen und deshalb drohen, in ihrem Hamsterrad heiß zu laufen. Mit der Diagnose Burnout werden die Folgen solcher Widersprüche der modernen Arbeitswelt elegant in persönliche Probleme verwandelt.

COACHING

Dass sich gehobene Angestellte in der Firma einer vom Arbeitgeber bezahlten Redekur unterziehen, hätte Sigmund Freud sich nicht träumen lassen.[173] Der Begründer der Psychoanalyse sah das Leiden seiner Patienten in ihrem Privatleben begründet. Heute ist Therapie für Manager *business as usual*, sie heißt nur anders: Coaching. Nicht wenige Führungskräfte sehen in dem Anrecht, den psychologischen Dienst in Anspruch nehmen zu dürfen, ein Privileg, ebenso wie das Eckbüro oder den Dienstwagen.

Dass es so weit kommen konnte, liegt nicht zuletzt am Begriff. Coaching stammt aus dem Sport, was signalisiert: Hier geht es nicht um die Behandlung Kranker, sondern darum, Leistungsträger und -trägerinnen noch fitter zu machen, als sie es ohnehin schon sind. Coaches sind Teil der Selbstoptimierungsbranche und üben eine Profession mit niedriger Einstiegshürde aus. Da die Berufsbezeichnung nicht geschützt ist, kann sich jeder so nennen. Allein in Deutschland soll es 8000 Coaches geben.[174] Das Spektrum reicht vom Business Coaching über Fitness Coaching bis hin zu Life Coaching. Außerdem wären da noch Finanz-, Aufräum-, Mode-, Sex-Coaching oder auch Spirituelles Coaching – der Fantasie sind keine Grenzen gesetzt. Es gibt keinen Aspekt unseres Daseins, der nicht der Optimierung harrt. Dass sich die Anstrengung lohnt, verspricht Andrea Randt, die sich selbst als Berufungscoach und Strategieberaterin bezeichnet: »Aus deiner inneren Essenz heraus mit einer starken Umsetzungsenergie ist so viel mehr realisierbar, als du heute für möglich hältst.«[175]

Angenehm für Coaches ist, dass sie nicht in die Pflicht genommen werden können, wenn die Kunden daran scheitern, eine bessere Version ihrer selbst zu werden – dann haben diese sich einfach nicht genug angestrengt. Am Departement Angewandte Psychologie der Zürcher Hochschule für Angewandte Wissenschaften, wo sowohl Coaches ausgebildet als auch Coachings angeboten werden, drückt man es elegant so aus: Die »Lösungsverantwortung« liege beim Klienten.[176]

Das gilt erst recht für die Königsdisziplin, das Executive Coaching im Auftrag von Unternehmen. Die psychologische Betreuung des Führungspersonals folgt strengen Regeln: Der Manager und sein Coach treffen sich allein und vertraulich. Nichts, was sie bereden, soll nach außen dringen. So wird die Privatsphäre der Führungskraft geschützt – und auch die Firma. Denn aus der Konstellation ergibt sich, dass es beim Coaching allein um die Veränderung des Gecoachten gehen kann und nicht um die des Unternehmens.

Missstände in der Organisation dürfen zwar auch thematisiert werden, aber das soll keine Folgen für diese haben. Allein die Entscheidung, Herrn X oder Frau Y coachen zu lassen, signalisiert, dass das Problem bei X oder Y liegt – und auf keinen Fall mit der Hierarchie, unklaren Aufgabenstellungen, zu hoher Arbeitsbelastung oder anderen von der Firma zu verantwortenden Gründen zu tun hat.

Da es sich bei Coaches von Führungskräften oft um kluge Leute handelt, erkennen sie durchaus die Widersprüchlichkeit ihres Tuns. So analysierte Fritz B. Simon, der als Therapeut und Psychiater gearbeitet hatte, bevor er die Wirtschaft als Berufsfeld für sich entdeckte, seinen Job im Gespräch mit dem Wirtschaftsmagazin *brand eins* so: »Ich verdiene mit solcher Arbeit zwar auch mein Geld –

aber ich halte die Entwicklung für hochproblematisch. Früher gab es Organisationsmuster, Spielregeln, Routinen. Wenn dann der Druck erhöht wurde, die Leute überlastet waren und Schwierigkeiten bekamen, hat man darüber geredet: Was können wir auf der Organisationsebene verändern? Heute wird alles personalisiert: Man sagt, der hat ein Problem – den schicken wir erst mal zum Coach oder gleich in die Burnout-Klinik. Das heißt, die Organisation beraubt sich der Chance, zu lernen und intern etwas zu verändern.«[177]

Womöglich ist genau dies der Zweck des Coachings.

FLOW

Aus der Glücksforschung abgeleiteter Idealzustand des modernen Büromenschen: Er geht in seiner erfüllenden Tätigkeit, etwas dem Protokollieren des jüngsten → Meetings, dem Erstellen einer Powerpoint-Präsentation für den Chef oder der Reisekostenabrechnung, derart auf, dass er alles um sich herum vergisst. Vorbilder sind Künstler im Schaffensrausch oder in ihr Spiel versunkene Kinder. Manager, die es schaffen, die Belegschaft in einen Flow zu versetzen, steigern auf elegante Weise den Cashflow, so zumindest die Theorie.

In der Praxis stehen dem die allgegenwärtigen Ablenkungen im Wege. Studien zufolge wird der Büroarbeiter im Schnitt alle drei Minuten beispielsweise durch E-Mails aus seinem Flow gerissen. Hinzu kommt noch der freiwillige oder unfreiwillige persönliche Austausch mit den Kollegen und Vorgesetzten. Merke: Der größte Feind des Flows ist das Meeting.

KOMMUNIKATION/KOMMUNIZIEREN

Es gibt zahlreiche Wörter für Mitteilungen von Menschen und den Austausch untereinander wie zum Beispiel sagen, berichten, erzählen, appellieren, werben, angeben, lügen, schimpfen, drohen. Trotz dieser großen Auswahl anschaulicher Begriffe hat sich weithin die abstrakte und vieldeutige Bezeichnung »kommunizieren« durchgesetzt. Mit Kommunikation kann der Austausch von Informationen gemeint sein, aber auch ein Zusammenhang, ein Verhältnis, eine Beziehung oder – in katholischen Kreisen – der Initiationsritus der Kommunion.

Besonderer Beliebtheit erfreut sich der wichtig und wissenschaftlich klingende Begriff bei Führungskräften. Sie interpretieren Kommunikation so: »Meine Message wird verbreitet und vom Publikum begeistert aufgenommen.« Weil Topmanager aber selten Kommunikationsgenies sind, steht ihnen eine Armee an Dienstleistern aus Werbe- und Public-Relations-Agenturen zur Seite, die versprechen: »Wir bringen deine Botschaft rüber.« Um dem Nachdruck zu verleihen, haben sie sogar die Sprache verändert. Kommunizieren ist ein sogenanntes intransitives Verb, das ohne Akkusativobjekt verwendet werden sollte. Man kann eigentlich nicht → Themen kommunizieren, sondern höchstens über Themen. Dennoch hat sich erste Variante weithin durchgesetzt, weil sie so schön durchschlagskräftig klingt. Vom Launch eines neuen Joghurts oder der Fusion der Firma mit der Konkurrenz bis zur menschelnden Homestory über den Chef – Werber und PR-Leute versprechen ihrer Kundschaft, jedwedes Thema mit Erfolg zu kommunizieren.

Allerdings klappt das sehr oft nicht, da Kommunikation

keine Einbahnstraße ist und die Adressaten ihren eigenen Kopf haben. Das macht aber nichts, weil die Absender dann stets eine mangelhafte Kommunikation für das Misslingen verantwortlich machen können, nach dem Motto: Es ist uns leider nicht gelungen, unsere an sich großartige Botschaft zu vermitteln. Nie liegt es an ihnen selbst oder am Thema, sondern immer an der Kommunikation. Das tut am wenigsten weh und soll vom eigentlichen Problem ablenken.

KREATIVITÄT

Ein Muss in allen Lebenslagen. »Man will kreativ sein und soll es sein«, schreibt der Kultursoziologe Andreas Reckwitz über diese Norm unserer Epoche.[178] Anschauungsmaterial gibt es unter anderem in den sozialen Medien, wo Abermillionen Menschen unentwegt sich und ihren Genius zur Schau stellen. Bis vor wenigen Jahrzehnten lebte nur eine Minderheit von Künstlern und Mitgliedern alternativer Szenen Kreativität frei aus, während die Mehrheit sich an Tugenden wie Anpassungsfähigkeit und Disziplin hielt. Heute, so Reckwitz, seien »Ideen und Praktiken ehemaliger Gegen- und Subkulturen« tonangebend.[179] Allerorten scheint die eigensinnige, fantasievolle Persönlichkeit gefragt zu sein. Zum Beispiel in der Altenpflege: So suchte das Tobias-Haus in Ahrensburg bei Hamburg für die Wohnbereichsleitung »kreative Macher«. Auch das Erzbistum München und Freising feiert den individuellen Schöpfergeist und verbreitete zu Ostern 2020 die frohe Botschaft: »Kleine, kreative Ideen sind ein Stück Auferstehung.«[180]

Eine Berufsgruppe, die sich den Begriff früh zu eigen gemacht hat, sind Werber – sie bezeichnen sich selbst gern als »Kreative«. Wunsch und Wirklichkeit klaffen allerdings weit auseinander. Das Gros der Reklame, mit der wir bombardiert werden, ist nicht besonders originell. Denn es gibt nur wenige Unternehmen, die sich beim Marketing etwas trauen. Außerdem sorgt der Weg über zahlreiche Hierarchiestufen in Konzernen dafür, dass ungewöhnliche Ideen nicht lange überleben. Und womöglich muss Werbung, die Massen erreichen will, auch einfältig sein.

All das frustriert den Kreativen. Damit er sich dennoch austoben kann, gibt es zahlreiche Kreativ-Awards, mit denen die Branche sich selbst feiert. »Für diese Wettbewerbe«, schrieb einmal Stefan Kolle, Mitgründer der Hamburger Agentur Kolle Rebbe, »stellen Werbeagenturen Jahr für Jahr mit viel finanziellem Aufwand sogenannte Award-Kreationen her – Kampagnen, die beinahe nie gelaufen sind; Websites, die kurz vor Einsendeschluss freigeschaltet werden, TV-Spots, die nur einmal liefen – in der Nachtschiene irgendeines Spartensenders.«[181] Mit solcher Fake-Werbung demonstriert der Kreative, was er könnte, wenn man ihn denn ließe.

Den meisten Berufstätigen fehlen selbst solche Ersatzbefriedigungen. Sie müssen enttäuscht feststellen, dass in ihrer Firma die Wertschätzung für Kreativität, → Querdenkerei oder → Intrapreneurship allen anderslautenden Beteuerungen zum Trotz eher rhetorischer Natur ist.

Dass das Wort heute in so vieler Munde ist, verdanken wir maßgeblich dem US-amerikanischen Wirtschaftswissenschaftler Richard Florida. Er rief zur Jahrtausendwende Kreativität als entscheidenden→ Standortfaktor aus.[182] Mit einem Federstrich beförderte er ganz unterschiedliche Berufsgruppen zur kreativen, für den ökonomischen Fortschritt maßgeblichen Klasse. Dazu zählte er unter anderem Unternehmer, Wissenschaftlerinnen, Künstler, Schriftstellerinnen, Designer und in der zweiten Reihe auch Manager, Ärztinnen, Anwälte, Facharbeiterinnen. Diese disparate gesellschaftliche Gruppe sei sowohl anspruchsvoll als auch mobil und lasse sich dort nieder, wo es »Technologie«, »Talent« und »Toleranz« gebe. Technologie steht bei Florida für wissensbasierte Unternehmen, Talent für die Zahl der Menschen mit kreativen Berufen, Toleranz für Offenheit – was viele verschiedene Persönlichkeiten anziehe und zu einem regen Austausch neuer Ideen führe. Für den Grad der Toleranz zieht der Ökonom unter anderem den Gay Index heran (Anteil der Homosexuellen an der Gesamtbevölkerung) sowie den Bohemien Index (Anteil der Künstler und Künstlerinnen an der Gesamtbevölkerung und Vielfalt der kulturellen Infrastruktur wie Museen, Galerien, Cafés et cetera).

An Floridas Theorie gibt es allerdings begründete Zweifel. So heftet er ganz verschiedenen Professionen pauschal das Etikett kreativ an – ohne Rücksicht darauf, ob Angehörige dieser Berufsgruppen tatsächlich schöpferisch tätig sind. Zudem sind die empirischen Belege für den Zusammenhang zwischen Boheme und Prosperität dünn; andere Wissenschaftler konnten die von ihm behaupteten Zusammenhänge nicht nachvollziehen.[183]

Dennoch hatten Floridas Thesen große Wirkung. Viele Politiker und Politikerinnen ließen sich von ihm beraten, um ihre Stadt oder Region nach vorn zu bringen. Die Vorstellung, man müsse nur eine ausreichende Menge an

Künstlern, Schauspielern und Hipstern in seine Stadt locken, dann stelle sich der wirtschaftliche Erfolg von allein ein, ist ja auch zu schön (um wahr zu sein). Einen tatsächlichen ökonomischen Effekt haben (Lebens-) Künstler mit wenig Geld auf den Immobilienmarkt: Sie ziehen gern in heruntergekommene Viertel, küssen sie wach – und fungieren so als Pioniere der Gentrifizierung. Wenn die Aufwertung der Gegend erfolgt ist, sinkt der Bohemien-Index wieder, die Kreativen haben ihre Schuldigkeit getan und müssen wegen der gestiegenen Mieten anderswo hinziehen.

MINDSET

Es kommt auf die Einstellung an, Dummkopf! Wenn alle in der Firma die richtige Einstellung und damit das gleiche Mindset haben, ist Fantastisches möglich. Zum Beispiel bei der Deutschen Telekom, die, wie uns eine Corporate Bloggerin aufklärt, auf Growth Mindset schwört, also auf die Vermittlung der Überzeugung an die Belegschaft, dass man alles schaffen könne, wenn man nur wolle. Im O-Ton klingt das so: »In unserem digitalen Zeitalter, in dem die Transformation die einzige Konstante ist, wird von den Mitarbeitern auf allen Ebenen die Bereitschaft des kontinuierlichen Lernens erwartet. Bei der Deutschen Telekom ist ›Growth Mindset‹ eine wichtige Grundlage für den Turnaround zum Wachstum, mittlerweile in sieben aufeinanderfolgenden Quartalen.«[184]

So viel mehr Umsatz dank eines kollektiven Wachstumsglaubens klingt einerseits toll, andererseits unangenehm nach Gleichschaltung. Diese mit dem Begriff »Mindset« einhergehende Sorge greift die Wirtschaftsprüfungsfirma KPMG → proaktiv auf und zerstreut sie mit einer faszinierenden Zahlenhuberei: »219 000 Mitarbeiter, 147 Länder, ein Mindset – und weltweit vielfältige Persönlichkeiten«.[185]

NEURO-LINGUISTISCHES PROGRAMMIEREN (NLP)

Klingt nach Software-Entwicklung, ist aber eine besonders in Wirtschaftskreisen beliebte Psychotechnik, mit der sich angeblich Mitarbeiter, Kunden oder Konkurrenten manipulieren lassen. NLP spricht eine ebenso ehrgeizige wie leichtgläubige Kundschaft an, die möglichst flott nach Schema F zum Ziel kommen möchte und anfällig für pseudowissenschaftliche Worthülsen ist.[186] Schon der Name der vermeintlichen Wundertechnik soll Eindruck machen: »Neuro« verspricht direkten Zugriff aufs Gehirn, »linguistisch« bedeutet im Deutschen »sprachwissenschaftlich« (gemeint ist aber, dass mit dem Mittel der Sprache gearbeitet wird). Und Programmieren soll suggerieren, dass man sich selbst und vor allem andere in beliebige Richtungen lenken kann – wer nicht funktioniert, wird einfach umprogrammiert.

Zum NLP-Vokabular zählen vielversprechende technizistische Begriffe. So wird die Analyse der Körpersprache des Gegenübers als Kalibrieren bezeichnet. Pacing bedeutet, sich in Gestik, Mimik, Stimme und Sprache an die jeweilige Zielperson anzupassen, so einen Rapport herzustellen, um den dann willenlosen Menschen durch Leading zum gewünschten Verhalten zu bringen.

Dummerweise fehlt bis heute jeder Beweis, dass NLP funktioniert. Im Gegenteil: Zentrale Annahmen, auf denen die Methode beruht, sind widerlegt. Zum Beispiel jene, dass die Blickrichtung eines Menschen diesen als Lügner entlarven könne und dass die Hemisphären des Gehirns sich grundsätzlich verschiedenen Aufgaben zuordnen ließen. Der Psychologe Christoph Bördlein kommt in einem Essay zu folgendem Schluss: Bei NLP handelt es sich »um eine Mischung aus Plattitüden (...), komplettem Blödsinn (...) – und nur halb verstandenen Bruchstücken aus echten psychologischen Theorien«.[187]

Doch solche Kritik perlt an der NLP-Gemeinde ab – das Versprechen, in kurzer Zeit jeden zu befähigen, seine Mitmenschen zu durchschauen und zu beeinflussen und damit über eine Art Wunderwaffe im beruflichen Alltag zu verfügen, ist unwiderstehlich. Laien können, sofern sie die entsprechenden Kursgebühren zahlen, bereits nach wenigen Wochen NLP-Practitioner, dann -Master und -Trainer oder -Coach werden. Selbst Volkshochschulen bieten entsprechende Kurse an. So dient die Methode zwar nicht der Aufklärung, aber immerhin einem blühenden Zweig der Volkswirtschaft: der → Coaching-Branche.

RESILIENZ

Heino, der deutscheste aller Schlagersänger, bezeichnete sich in einem Interview mit der *Frankfurter Allgemeinen Sonntagszeitung* einmal als »hart wie Kruppstahl, zäh wie Leder und flink wie ein Windhund«[188]. Heute redet kaum noch jemand so; dafür ist ein Begriff in vieler Munde, der etwas Ähnliches bedeutet: Resilienz. Das Wort geht auf das lateinische *resilire* (»zurückspringen« oder »abprallen«) zurück und hat in verschiedenen Wissenschaften Karriere gemacht. Zunächst beschrieben Werkstoffphysiker damit die Eigenschaft elastischen Materials wie etwa Gummi. Später verwendeten auch Biologen den Begriff beispielsweise für Bäume, die kräftiger werden, weil sie dem Wind ausgesetzt sind. In den 1950er-Jahren übertrugen Psychologen den Begriff auf Menschen, die in der Lage sind, Krisen zu meistern und gestärkt aus ihnen hervorzugehen.

Diese Fähigkeit, so die frohe Botschaft, lasse sich trainieren. Es handelt sich um einen klassischen psychologischen Business Case: Aus Problemen werden Kompetenzen abgeleitet, die sich wiederum gegen Bezahlung vermitteln lassen. Heute gibt es zahlreiche Ratgeber zum Thema und noch mehr Seminare, die so angepriesen werden: »Mit Resilienz zum Erfolg im Führungsalltag« – »Die 7 Säulen der Resilienz: Faktoren und Schlüsselelemente für mehr innere Widerstandskraft« – »Resilienz: das Immunsystem der Seele«.

Seriös ist das nicht, wie George Bonanno, Professor für klinische Psychologie an der Columbia University in New York mit dem Forschungsgebiet Trauer und Trauma, in einem Interview mit dem Magazin *brand eins* sagte. »Mir sind bislang keine resilienten Menschen begegnet. Resilienz, also psychische Widerstandskraft, ist keine Charaktereigenschaft, sondern ein Resultat und entsteht durch eine Reihe gesunder Reaktionen auf sehr schwierige Umstände.«[189] Zu diesen gesunden Reaktionen, so Bonanno, könne es beispielsweise durch ein hilfreiches soziales Umfeld kommen. »Haben wir gute Freunde? Menschen, auf die wir uns verlassen können? Die uns in schlimmen Momenten zuhören und uns zur Seite stehen? Haben wir einen Bekanntenkreis, der in Notfällen einspringt? Und sei es nur, um die Kinder von der Schule abzuholen. Diese und viele andere Aspekte spielen eine Rolle, aber auch: Haben wir dic nötigcn finanziellen Mittel?«

Weil es zeitaufwendig, teuer und mühsam ist, sich solchen Rückhalt zu verschaffen, hält Bonanno nichts von den Versprechungen der Resilienz-Trainer. »Das ist nichts, was Sie mal so eben in einem Wochenend-Workshop lernen. Skepsis ist deshalb angebracht, wenn Ihnen jemand mit schonen Kursen kommt.«[190]

Doch solche Stimmen der Vernunft verhallen, weil Stehaufmännchen und Gummipuppen in Unternehmen händeringend gesucht werden. Sehr schön auf den Punkt bringt dies eine Stellenausschreibung für einen Key Account Manager: »Neben deiner Belastbarkeit und Stressresilienz bietest du ein hohes Maß an Durchsetzungsstärke.«[191]

SELBSTVERWIRKLICHUNG

Die höchste Stufe der Vervollkommnung des modernen Menschen. Sei du selbst! Lebe deinen Traum! Mach die Arbeit zu deinem Projekt! Zum Beispiel bei der Otto Group, wo Petra Scharner-Wolff, im Vorstand unter anderem für Personal zuständig, sich Großes vorgenommen hat, denn die digitale Transformation erfordere es schlicht, »dass wir Themen wie Transparenz, Offenheit, Neugier, Mut, Selbstverwirklichung und Freiräume noch stärker leben und fördern. Mein Anspruch ist es, dass die Otto Group mit ihrer kulturellen Identität und ihren Leitplanken zu einem ›Sehnsuchtsort‹ für Kolleginnen und Kollegen wird.«[192] Der Konzern als Sehnsuchtsort, wo jeder nach seiner Fasson glücklich werden kann – an dieser Vision arbeitet auch Adaire Fox-Martin, bei SAP für den Vorstandsbereich Global Customer Operations verantwortlich. Denn sie sei, heißt es auf der Firmenwebsite, »als enthusiastische Fürsprecherin für Gleichstellung und Selbstverwirklichung bekannt«.[193] Dem möchte die BBM Erdbau GmbH Dieburg in nichts nachstehen, wenn sie in einer Stellenausschreibung für einen Bauleiter (m/w) verspricht: »Bei uns können Sie sich selbst verwirklichen und maßgeblich an der Weiterentwicklung unseres Unternehmens mitwirken, da wir den Blick nach vorne gerichtet und noch einiges in der Zukunft vorhaben.«[194]

Das Ideal der Selbstverwirklichung – populär geworden infolge des Psychobooms der 1970er Jahre – ist mittlerweile auch auf den Baustellen, in den Werkshallen und Großraumbüros angekommen. Verantwortlich dafür gemacht werden gern die ominösen Generationen Y und Z‣, denen Selbstverwirklichung angeblich über alles geht, weshalb Personaler meinen, ihnen dies versprechen zu müssen. Dabei ist die Wahrscheinlichkeit extrem gering, ausgerechnet in hierarchischen Organisationen sein eigenes Ding machen zu können.

Die Vorstellung, es gebe ein wahres, stabiles Ich, das nur darauf warte, sich zu verwirklichen, ist überhaupt weltfremd. Wir Menschen sind soziale Wesen, die, je nach Situation, unterschiedliche Rollen einnehmen: als Angestellter, Familienmitglied, Partner, Freund oder Vorstand im Kleingartenverein. Wir haben verschiedene Identitäten, ohne unter einer multiplen Persönlichkeit zu leiden.

‣ Als »Generation Y« werden die Jahrgänge zwischen 1980 und 1993 bezeichnet, als »Generation Z« die Jahrgänge zwischen 1994 und 2010.

Zudem verändern wir uns im Laufe der Zeit. So wenig wie es ein Ich als solches gibt, so wenig ist es möglich, auf der Leiter der Selbstverwirklichung immer höhere Stufen zu erklimmen. Wer das versucht, wird zwangsläufig enttäuscht und ist dann zu allem Überfluss auch noch selbst schuld daran, beim Projekt Selbstverwirklichung versagt zu haben.

TEAM

Allzwecktruppe zur Lösung jedweder Aufgabe. Entdeckt wurden die vermeintlich magischen Kräfte des Teams bei einem der berühmtesten Experimente in der Geschichte der Sozialwissenschaften. Es fand vor etwa 100 Jahren in der Hawthorne-Fabrik der Western Electric Company in Cicero nahe Chicago statt.[195] Die Beschäftigten dort – zeitweilig bis zu 40 000 – taten nicht, was sie sollten: Die Fehlzeiten häuften sich, die Produktivität sank. Das Management wollte mithilfe von Wissenschaftlern herausfinden, wie sich die Leistung durch Veränderungen der Arbeitsbedingungen steigern ließe. Man probierte allerlei aus, von einer Veränderung der Lichtverhältnisse bis zu neuen Pausenregelungen, kam aber zu keinem schlüssigen Ergebnis. Als besonders rätselhaft erwies sich eine Gruppe von sechs Frauen, die Relais produzierten und dabei intensiv beobachtet und befragt wurden. Als man ihre Arbeitsbedingungen geringfügig verbesserte – mal wurde der Arbeitstag ein wenig verkürzt, mal gab es Kaffee oder Suppe –, stieg die Produktivität. Dann wurden alle Vergünstigungen gestrichen, doch der Output blieb hoch. Wie konnte das sein?

Lösen sollte das Rätsel Elton Mayo von der Harvard Business School. Der Begründer der amerikanischen Betriebssoziologe vertrat eine damals exotische Theorie: Es seien die zwischenmenschlichen Beziehungen (Human Relations) der Arbeiter und Arbeiterinnen untereinander sowie zu ihren Vorgesetzten, die über den unternehmerischen Erfolg entschieden. Die Leistung der Frauen erklärte Mayo so: »In Wirklichkeit war aus sechs Einzelnen eine Gemeinschaft geworden, und diese Gemeinschaft bekannte sich vorbehaltlos und spontan zur Zusammenarbeit im Rahmen des Experiments.«[196] Die Teammitglieder genossen laut Mayo die Aufmerksamkeit, die ihnen Vorgesetzte und Forscher widmeten, und nutzten die Gelegenheit, auch über private Probleme zu sprechen. Seine Botschaft war vielversprechend fürs Management. Allein durch Zuwendung und Kommunikation lasse sich die Produktivität erhöhen und der Profit steigern. Auch den Arbeitern erschien der Human-Relations-Ansatz attraktiv: Wer möchte nicht auch nach Durchschreiten des Werkstors noch als Mensch wahrgenommen werden?

Elton Mayo und seine Kollegen führten in den Hawthorne-Werken Tausende Gespräche mit der Belegschaft, bei denen sie sich an der psychotherapeutischen Praxis orientierten. Alles durfte ausgesprochen werden, alles blieb vertraulich. Die Studie war ein Meilenstein auf dem Weg zur Psychologisierung der Arbeitswelt und trug wesentlich zu der Überzeugung bei, das Team sei der Schlüssel zum wirtschaftlichen Erfolg. Den Beweis dafür konnten die Wissenschaftler in Cicero allerdings nicht erbringen: In der Weltwirtschaftskrise Anfang der 1930er-Jahre kam es zu Massenentlassungen; die Experimente wurden abrupt beendet. Dennoch setzten sich Mayos Vorstellungen durch. Wie selbstverständlich sie heute erscheinen, belegen Stellenanzeigen: In kaum einer fehlt das Wort teamfähig. Wer diese Kompetenz nicht mitbringt oder zumindest behauptet, über sie zu verfügen, braucht sich gar nicht erst zu bewerben.

Dabei ist die Anforderung, mit jedwedem Kollegen gut zusammenzuarbeiten, bei näherer Betrachtung eine Zumutung – und so bleibt die Teamleistung in der Realität denn auch häufig weit hinter den Erwartungen zurück. Weil Faulpelze im Schutz der Gruppe eine ruhige Kugel schieben. Weil Trittbrettfahrer Team als »Toll, ein anderer macht's« ausbuchstabieren und die Leistung der Kollegen als eigene ausgeben. Weil Letztere das nicht so gut finden und deswegen einen Gang zurückschalten. Weil die einzelnen Aufgaben der Gruppenmitglieder nicht gut miteinander koordiniert werden. Weil sich Extrovertierte in den Vordergrund drängen, während Introvertierte kaum gehört werden. Und weil Vorgesetzte Teams gern durch unklare Aufgabenstellungen vor unlösbare Probleme stellen.

All das ist seit Jahrzehnten bekannt, hat der Verherrlichung der Teamarbeit aber keinen Abbruch getan. Die dabei unvermeidlich auftretenden Probleme sind Grundlage von unzähligen Teambuilding- und Teamentwicklungsmaßnahmen. So hat das Team seit seiner Entdeckung immerhin eine nicht zu leugnende Funktion – als Arbeitsbeschaffungsmaßnahme für Psychotechniker und → Coaches.

6

NULLNACHRICHTEN UND SPRACHUNFÄLLE
DIE KUNST, LEERES STROH ZU DRESCHEN

Es gibt Gelegenheiten, bei denen jemand etwas sagen muss, aber nichts sagen kann, darf oder will. Politiker und Politikerinnen sind seit je gefordert, solche Situationen zu bewältigen. Doch auch Führungskräfte von Unternehmen, Behörden oder Sportvereinen befleißigen sich zunehmend einer Plastiksprache, die zwar bedeutungsvoll klingt, aber gänzlich inhaltsleer ist und an der jede Nachfrage abperlt. Viele Managerinnen und Manager kommen mit dem Versenden von Nullnachrichten unauffällig durchs Berufsleben. Bei manchen wäre es besser, sie hielten sich strikt an das von ihren PR-Leuten vorformulierte Skript, wie im Fall des Volkswagenchefs Herbert Diess. Er hält sich selbst für schneidig, hat aber keinerlei Gespür für sensible Themen. Im März 2019 sagte er bei einem Treffen mit Führungskräften mehrfach: »Ebit macht frei.«[197] Das ist ein Satz, der unweigerlich an die perfide Parole »Arbeit macht frei« erinnert, welche die Nationalsozialisten über den Eingangstoren von Konzentrationslagern anbrachten.

Was Diess zum Ausdruck bringen wollte, war das Folgende: Wenn wir viel Geld verdienen, kann uns niemand etwas anhaben. Eine so schlichte Formulierung schien ihm aber offenbar zu wenig Durchschlagskraft zu haben, weshalb er versuchte, den Fachterminus Ebit (*earnings before interests and taxes*, also Gewinn vor Zinsen und Steuern) pathetisch aufzuladen. Hinterher war ihm seine Formulierung peinlich: Es tue ihm außerordentlich leid, wenn er durch seine Wortwahl Gefühle verletzt haben sollte. Dann doch besser Nullnachrichten.

ADRESSIEREN

Ein Verb, das – aus einfachen Verhältnissen stammend – über sich hinausgewachsen ist. Ursprünglich wurden lediglich Briefe adressiert, heute sind es komplexe Gedankengebäude. So verleiht Martin Brudermüller, Chef der BASF, seiner Überzeugung Ausdruck, »dass wir mit unserer Strategie die entscheidenden Themen adressiert haben«.[198] Die SPD-Bundestagsabgeordnete Katja Mast beeindruckte mit diesem Bonmot: »Haltung ist, wie wir unsere politischen Themen adressieren.«[199] An der Berliner Volksbühne fragt man sich hingegen »In welcher Form soll Theater aktuelle gesellschaftliche Themen adressieren?«[200] Gemeinsam ist den Adressaten das Versenden heißer Luft – womit man wieder recht nah bei der Ursprungsbedeutung von adressieren wäre: Aufkleber drauf und weg damit.

AFFIN

Affinität bedeutet Verwandtschaft. Das zugehörige Adjektiv wird gern verwendet, um auf gestelzte Weise zum Ausdruck zu bringen, dass gewisse Menschen sich zu bestimmten bedeutsamen Gegenständen mehr hingezogen fühlen und besser mit ihnen auskennen als gewöhnliche

Leute. Die Avantgarde ist wahlweise internet-, technik- beziehungsweise technologie- oder sogar blockchainaffin, sport-, musik- oder literaturaffin. Um beispielsweise auf elaborierte Weise mitzuteilen, dass die Vermögensverwalter reicher Leute Geld gern in Firmen anlegen, die nicht an der Börse gehandelt werden, bietet sich diese Variante an: »Gerade Family Offices sind Private-Equity-affin.«[201] Wer am liebsten auf der faulen Haut liegt, könnte das wie folgt umschreiben: Ich bin freizeitaffin.

AM ENDE DES TAGES

Aus dem Sprachschatz von Unternehmensberaterinnen, Managern und anderen Leuten, die sich gern reden hören, ist diese Phrase nicht wegzudenken. Es handelt sich um die wortwörtliche Übersetzung des englischen *at the end of the day*, was sich mit schließlich oder letztendlich übersetzen ließe. Das aber wird nicht getan, weil »am Ende des Tages« sowohl bedeutsamer als auch nebulöser klingt – was die Wendung zu einem idealen Herold für Nullnachrichten macht. Ein leidenschaftlicher Liebhaber der Floskel ist Karl-Heinz Rummenigge, Vorstandsvorsitzender des FC Bayern München. Mal kündigt er an: »Wir werden am Endes des Tages eine Mannschaft haben, die sehr wettbewerbsfähig sein wird.«[202] Mal klagt er: »Ich glaube nicht, dass die heutige Leistung uns am Ende des Tages in diesem Jahr große Erfolge bescheren wird, wenn wir nicht langsam die Kurve kriegen.«[203] Dann wieder klärt er die Fans über folgenden überraschenden Sachverhalt auf: »Am Ende des Tages geht es im Fußball nur um eines: ums Geld.«[204]

Origineller als die Phrase ist Rummenigges Entschuldigung dafür, dass er sie so häufig verwendet. Einem Blogger antwortete er auf die entsprechende Frage: »Meine Frau sagt mir auch öfter: ›Sag mal ein bisschen weniger am Ende des Tages.‹ Ich merke das selbst gar nicht mehr, wenn ich das sage. Jeder hat so seine Begriffe aus dem Phrasenschwein. Das ist eine meiner liebsten Phrasen.«[205]

ENTSCHEIDER

Wichtigtuerische Bezeichnung für Menschen mit Einfluss. Der Begriff legt nahe, dass diese Leute unentwegt Beschlüsse fassen, was aber – mit Ausnahme der »Entscheider« genannten Sachbearbeiter zur Prüfung von Asylanträgen beim Bundesamt für Migration und Flüchtlinge – nicht der Fall ist. An den Schaltstellen der Macht wird nicht ständig entschieden. Bestes Beispiel ist die Bundeskanzlerin Angela Merkel, der gern Zögerlichkeit vorgeworfen wird. Bislang hat sie allerdings noch jeden ihrer Gegner kaltgestellt, und zum Ende dieser Legislaturperiode wird sie länger im Amt gewesen sein als alle ihre Vorgänger.

Beliebt sind Entscheider besonders in der Marktforschung, zum Beispiel bei der Leseranalyse Entscheidungsträger in Wirtschaft und Verwaltung e. V. (LAE). Für die LAE werden die angeblich Wichtigen im Lande regelmäßig gefragt, welche Zeitungen und Zeitschriften sie lesen. Dabei fasst man diese für Werbetreibende besonders wertvolle Zielgruppe erstaunlich weit: Zu den Entscheidern zählen zum Beispiel Inhaber kleiner Handwerksbetriebe (Selbstständige mit mindestens sechs Beschäftigten), Rechtsanwältinnen mit einem Gehilfen (Freiberufler mit mindestens einem Beschäftigten) oder Oberstudienräte (Beamte ab Besoldungsgruppe A 14). Glaubt man der LAE, leben wir in einem Land der Entscheider, was sicherlich schmeichelhaft für die auf diese Weise Geadelten ist, aber nicht der Realität entspricht.

In Unternehmen, die modern, → agil und der Zukunft zugewandt sind, haben die traditionellen Entscheider ohnehin ausgedient: Stattdessen sind Enabler gefragt, Menschen, die Dinge möglich machen, damit das → Team wie von selbst arbeiten kann.

ESKALATION

Eine Eskalation im landläufigen Sinne ist eine unerfreuliche Sache: Ein Konflikt schaukelt sich hoch, die Parteien streiten erbittert, im schlimmsten Fall kommt es zu kriegerischen Auseinandersetzungen. Ganz anders im Büro. Dort hat Eskalation eine deutlich harmlosere Bedeutung angenommen, nämlich als Synonym für die Beschwerde (beziehungsweise das Petzen) an höherer Stelle. Wer ein berufliches Problem nicht lösen kann oder Schwierigkeiten mit den Kollegen in der anderen Abteilung hat, kann die Angelegenheit eskalieren – in der Hoffnung, dass sich besser bezahlte Leute auf der nächsten Hierarchieebene darum kümmern. Nebenbei ist der Begriff geeignet, den meist wenig aufregenden Büroalltag ein wenig zu dramatisieren: Haben Sie schon gehört? Müller hat die Sache eskaliert!

Wie für alle Businessthemen drängen sich auch in Sachen Eskalation Experten mit tollen Tipps auf, etwa in dem Blog der Beratungsfirma Copargo: »Eins schon mal vorweg: Eskalation ist nichts Schlimmes, Eskalation tut auch nicht weh. Eskalation ist eine notwendige Managementhandlung, wenn Du als Projektmanager nicht mehr befugt bist, eine Entscheidung selbst zu treffen. Hier zeige ich Dir, wie Du richtig und überlegt eskalierst und Dir die Anerkennung für Dein professionelles Vorgehen garantiert sicherst.«[206]

Fortschrittliche Unternehmen leisten sich ein Eskalationsmanagement, das sich praktischerweise sogar automatisieren lässt. Ein Anbieter entsprechender Software bewirbt sein Produkt so: »Der Zeitpunkt, wann und wodurch eine Eskalation ausgelöst werden soll, lässt sich frei konfigurieren. Das Eskalationsmanagement kann z. B. fünf Tage im Voraus über einen Wartungstermin informieren oder eine Störung sofort nach Eingang melden. Auch der Auslöser und Inhalt für eine Eskalation kann individuell bestimmt werden. Sie legen selbst fest, ob Sie z. B. über eine Statusänderung, eine Terminüberschreitung oder den Eingang einer Störmeldung informiert werden möchten.«[207]

Das Erfreuliche am Eskalationsmanagement im Büro – im Unterschied zu dem in Politik und Militär – ist: Selbst bei groben Fehlern muss mit Gefahr für Leib und Leben in aller Regel nicht gerechnet werden.

EXPERTISE

Unter den Wörtern herrscht ein beständiger Wettbewerb; manche kommen in, andere aus der Mode. Ein klarer Sieger ist die Expertise, die den Begriff »Fachkenntnis« durch Bedeutungsausweitung verdrängt hat. Expertise heißt eigentlich »Gutachten«, wird aber heute meist im Sinne von

»Fachkenntnis« verwendet – obwohl es diesen unzweideutigen Begriff bereits gibt. Wie kam es dazu? Zum einen durch die wörtliche Übernahme aus dem Englischen, wo *expertise* nichts anderes als Fachkenntnis bedeutet. Zum anderen hat Expertise mehr Sexappeal und erinnert an den in deutschen Landen so beliebten Experten, der zu allem etwas zu sagen weiß und von dem man nur einen Satz nie hört: Keine Ahnung, darüber müsste ich erst mal nachdenken.

EXZELLENZ

In feudalen Zeiten durften sich Kleriker, Militärs und hohe Beamte über diese Anrede freuen, heute wird sie allem Möglichen angeheftet. Da wären zum Beispiel IT-, Leadership- oder Einkaufs-Exzellenz (»Wertorientierter Einkauf auf Augenhöhe«) sowie der vom Deutschen Institut für Service-Qualität verliehene Deutsche Exzellenz-Preis. Zur Karriere des Begriffs trug wesentlich der Unternehmensberater und Autor Tom Peters mit »In Search of Excellence« bei. Das 1982 erschienene Buch (in deutscher Übersetzung: »Auf der Suche nach Spitzenleistungen«) war das erste zum Thema Management, das in den USA und darüber hinaus eine Millionenauflage erreichte. Peters und sein Mitautor Robert Waterman stellten darin in anekdotischer Form dar, was man ihres Erachtens von den damals besten US-Unternehmen lernen konnte.

Obwohl Spitzenleistung eine treffende Übersetzung von Excellence ist, setzte sich hierzulande das Lehnwort Exzellenz durch – vielleicht Ausdruck eines unbewussten Wunsches nach der Rückkehr zur Monarchie; so viel Exzellenz wie heute war jedenfalls nie. Am meisten Wind wird um die Exzellenz-Universitäten gemacht. Der Titel suggeriert fälschlicherweise, dass beispielsweise die zu diesem Kreis zählende Universität Konstanz in einer Liga mit Harvard oder Stanford spielen könne.

Die Exzellenzinitiative geht auf die ehemalige Bundesforschungsministerin Edelgard Bulmahn (SPD) zurück. Sie wollte die akademische Welt zum Wettbewerb anstacheln und pries ihr Projekt 2005 in bestem Werberjargon so an: »Brain up! Deutschland sucht seine Spitzenuniversitäten.« Mittlerweile gibt es zehn Unis sowie einen Verbund aus drei Berliner Hochschulen, die sich »Exzellenzen« nennen dürfen – womit Deutschland die Zahl der acht Ivy-League-Universitäten in den USA sogar übertroffen hat. Allerdings nur scheinbar, weil zwar der Eindruck erweckt wird, dass die ausgezeichneten Bildungseinrichtungen insgesamt super seien, dies in Wahrheit aber nur für einzelne Forschungsbereiche beziehungsweise Exzellenzcluster gilt. Zudem reicht das Preisgeld – jährlich insgesamt 385 Millionen Euro – bei Weitem nicht, um den vollmundig formulierten Ansprüchen auch nur annähernd gerecht zu werden. Dieter Imboden, emeritierter Professor für Umweltphysik aus Zürich, der die Exzellenzinitiative (mittlerweile Exzellenzstrategie) im Auftrag von Bund und Ländern untersucht hat, rechnet vor, dass die jeweilige Förderung im Gesamtbudget einer Universität »allenfalls zwei Prozent« ausmache. »Der Großteil der Forschungstätigkeit findet außerhalb der geförderten Cluster statt. Sie bringen der Uni zwar viel Renommee, sagen über die übrige Forschung aber wenig aus – und noch weniger über die Qualität der Lehre.«[208]

So ist der Ehrentitel zum Marketing-Buzzword heruntergekommen. Der Soziologe Ulrich Bröckling drückt es so aus: »Exzellenz ist das, von dem erstens alle ständig reden, das zweitens alle erreichen wollen, das aber drittens niemand sicher sein kann, tatsächlich erreicht zu haben, und von dem schließlich und vor allem viertens niemand genau sagen kann, was das eigentlich ist.«[209]

Lockerer sieht man es beim zur Deutschen Post gehörenden Paketdienst DHL, der verspricht, Exzellenz einfach so zu → liefern: »Excellence. Simply Delivered.«[210]

FOKUSSIEREN

Sich konzentrieren ist out, stattdessen fokussiert sich alle Welt. Zum Beispiel Spitzensportler wie René Adler, der sich an seine aktive Zeit als Torhüter so erinnert: »Ich konnte mich total fokussieren, zum Teil so stark, dass ich nach der Partie im Bus nicht einmal mehr eine Zeitung lesen oder einen Film sehen wollte, so ausgelaugt fühlte ich mich.«[211] Auch der öffentlich-rechtliche Rundfunk wird vom ARD-Vorsitzenden Tom Buhrow dazu aufgerufen: »Die ARD so fokussieren, dass wir gestärkt daraus hervorgehen.«[212] Selbst die Spekulanten tun es, wie Paul Achleitner, Aufsichtsratschef der Deutschen Bank, verriet: »Die Finanzmärkte fokussieren sich stark auf unser Handelsgeschäft.«[213]

So viel Fokus ist übrigens nicht ganz ungefährlich: Durch den Brennglaseffekt, also die Bündelung von Lichtstrahlen, kann starke Hitze entstehen, mit der Folge, dass Sportskanonen, öffentlich-rechtliche Anstalten und Finanzmärkte einfach so dahinschmelzen.

ICH BIN GANZ BEI IHNEN

Wie so viele Phrasen wanderte auch diese aus dem Englischen (*I am completely with you*) bei uns ein und ist heute eine im Geschäftsleben und in der Politik gern gebrauchte Alternative zum nüchternen »Ich bin Ihrer Meinung«. Wer behauptet, ganz bei seinem Gesprächspartner zu sein, zeigt Empathie und rückt ihm sprachlich auf die Pelle – was sensible Zeitgenossen allerdings als übergriffig empfinden können. Nichtsdestotrotz ist die Wendung überaus beliebt und wird mittlerweile auch in origineller Weise variiert. So entgegnete der Historiker Jürgen Zimmer dem Kunsthistoriker Horst Bredekamp bei einem von der *Frankfurter Allgemeinen Zeitung* veröffentlichten Streitgespräch: »Ich bin ja zum Teil bei Ihnen.«[214]

IM VORFELD / IM NACHGANG

Man kann sagen: Vor der betrieblichen Weihnachtsfeier werden die Getränke kalt gestellt, nach der Feier wird aufgeräumt. Oder aber: Im Vorfeld der betrieblichen Weihnachtsfeier werden die Getränke kalt gestellt, im Nachgang wird aufgeräumt. Viele Manager, Verbands- und Parteifunktionäre bevorzugen die aufgeblähten Wendungen – wuchtige Substantive schlagen schlanke Präpositionen. So warnte der AOK Bundesverband »im Vorfeld« der Anhörung zur Datenschutzgrundverordnung »vor finanziellen Risiken«.[215] Die Pensionskasse der Caritas bedankte sich bei ihren Kunden »bereits im Vorfeld für ihr Verständnis«, dass Anfragen »nur mit zeitlicher Verzögerung beantwortet werden können«.[216] Und Rico Siefermann, Vorstandsvorsitzender der Novellus Holding AG mit Hauptsitz im badischen Appenweier, stellt auf der Homepage der Firma unmissverständlich klar: »Qualität ist das richtige, rechtzeitige und vollständige Erbringen einer im Vorfeld mit dem Kunden vereinbarten Leistung – und zwar formal, inhaltlich und wirtschaftlich.«[217]

Wie konnte das ursprünglich aus dem Militär stammende Vorfeld, der Raum vor der Hauptkampflinie, so beliebt werden? Wähnen sich die Fans der Floskel als große Taktiker oder gar Strategen? Ist womöglich die Luftfahrt schuld, wo die Rangierfläche für Jets auf Flughäfen als »Vorfeld« bezeichnet wird – schließlich verbringen wichtige Leute viel Lebenszeit in Flugzeugen? Man weiß es nicht.

Das mindestens ebenso beliebte »im Nachgang« stammt, so schreibt der Sprachwissenschaftler Hermann Ehmann, ursprünglich aus der Kanzleisprache und bezeichnete nachträgliche Anmerkungen zu Gerichtsakten.[218] Heute ruft es bei Managern womöglich kulinarische Assoziationen hervor, eine Art Wirtschaftsjargon-Dessert, allerdings schwer verdaulich. Dies brachte exemplarisch Markus Braun, damals → Chief Executive Officer des Zahlungsdienstleisters Wirecard, bei einer → Keynote vor Branchenkollegen zum Ausdruck.[219] »Wir haben in den vergangenen Jahren ein organisches Durchschnittswachstum von 20 bis 30 Prozent erzielt, und das im Nachgang zur Internet- sowie mitten in der Finanzkrise.«[220]

Diese tolle → Performance stellte sich im Nachgang allerdings als gigantischer Schwindel heraus: Wirecard musste im Juni 2020 – als erstes Dax-Unternehmen überhaupt – Insolvenz anmelden.

INNOVATION

Alles muss neu werden, kein Stein darf auf dem anderen bleiben. Innovation ist Pflicht für Organisationen jeder Art, denn wer nicht innoviert, wird vom Fortschritt überrollt, so die allgemeine Überzeugung. Noch nie wurde so viel über Innovationen geredet – trotzdem (vielleicht aber auch: deswegen) bleiben die großen Durchbrüche aus. Die Produktivität in den Industrieländern steigt seit Jahrzehnten nur noch wenig, daran hat auch die Digitalisierung nichts geändert. Die jüngste Neuerung, die unser Leben wirklich verändert hat – die Erfindung des Smartphones –, liegt nun auch schon Jahre zurück.

Es hat den Anschein, als solle der aufdringliche Innovationsdiskurs über solche Tatsachen hinwegtäuschen. Die Warenwelt ist denn auch voller Pseudo- und Scheininnovationen, Produktrelaunches ohne Grund, Softwareupdates ohne Vorteil für die Kunden. Da die Aussagekraft all der Innovationsversprechen gegen null geht, könnte man getrost auf sie verzichten. Doch auf diese Idee kommt anscheinend niemand, noch nicht einmal jene Institution, die wie keine andere für Beständigkeit und Immunität gegen den Zeitgeist steht. So unterhält die Katholische Kirche eine Website für »Pastorale Innovationen« – eine »Plattform neuer Formen des Kircheseins und der Seelsorge, die den missionarischen Grundauftrag der Kirche umsetzen«.[221]

KANNIBALISIEREN

Manchmal machen Unternehmen sich selbst Konkurrenz, indem sie ähnliche Produkte zu unterschiedlichen Preisen anbieten und in Kauf nehmen, dass die billigen den teureren Angeboten Marktanteile abnehmen. So verkauft der Volkswagen-Konzern Seat- und Škoda-Modelle zu niedrigeren Preisen als vergleichbare oder sogar baugleiche der Marke VW. Besser wir schädigen uns selbst, als dass die Konkurrenz es tut, so das Kalkül. Die Verantwortlichen sprechen gern von kannibalisieren. So gab Emanuel Probst, Geschäftsführer des Schweizer Kaffeeautomatenherstellers Jura, die Parole aus: »Wir müssen ständig eine Innovationseskalation auslösen und uns selber kannibalisieren.«[222]

Das Sprachbild signalisiert → Proaktivität und Härte, trifft die Sache allerdings nicht, denn Kannibalen verzehren ihre Feinde, nicht sich selbst. Aber solche Feinheiten können im blutigen Businessalltag schon mal untergehen.

LERNKURVE

Das Konzept geht zurück auf den Lern- und Gedächtnisforscher Hermann Ebbinghaus (1850–1909), einen Pionier der experimentellen Psychologie. Er prägte sich sinnlose Silben ein, stoppte die Zeit, bis er sie fehlerfrei aufsagen konnte, und stellte die Ergebnisse in Diagrammen dar. Solche später »Lernkurven« genannten Darstellungen nutzt man auch in der Volks- und Betriebswirtschaftslehre. Dort dienen sie dazu, sinkende Stückkosten im industriellen Herstellungsprozess anschaulich zu machen. Je länger die Produktion etwa eines Automodells läuft, desto größer die Erfahrung und geringer die Zahl der Fehler, sodass die Kosten pro Fahrzeug sinken.

Glücklicherweise erschöpft sich menschliches Lernen nicht in der mechanischen Wiederholung des immer Gleichen beziehungsweise des vorgegebenen Stoffs – sonst wären wir ziemlich stupide Geschöpfe. Dass dennoch allerorten von Lernkurven die Rede ist, liegt an dem anschaulichen Bild und der naheliegenden Verbindung mit dem Adjektiv »steil«. Ob Spitzenpolitikerin oder C-Promi, Unternehmensberaterin oder Regionalliga-Kicker, Kleriker oder Verbandsfunktionärin: Sie alle beschwören die Notwendigkeit steiler Lernkurven – die sie selbst bereits mit Bravour genommen haben. Und obwohl viele Leute sich in Wahrheit ungern geistig anstrengen, hört man folgenden Satz von ihnen nie: Meine Lernkurve ist eine Gerade.

LIEFERN

»Der Druck lastet auf Audi-Chef Schot, er muss liefern«[223], hieß es im *Handelsblatt*. »Gekommen, um bald zu liefern«, titelte die *Frankfurter Allgemeine Zeitung* über den chinesischen Elektroautohersteller Byton.[224] Auch Christian Sewing, Chef der Deutschen Bank, sagte bei einem gemeinsamen Auftritt mit dem Bundesfinanzminister Olaf Scholz in Berlin: »Wir werden liefern.«[225]

Nur was sollen und wollen die Unternehmen und ihre Manager liefern? Pizza, gute Nachrichten, Koks? Und wer sind die Empfänger – die Angestellten, die Aktionäre, die Kunden, wir alle? Das bleibt bei dieser weit über die Wirtschaftswelt hinaus beliebten, unbeholfen aus dem Englischen übernommenen Phrase meist offen (*You got to deliver* heißt »Du musst Leistung bringen«).

Während die Rede von Lieferungen im wirklichen Leben nur Sinn ergibt, wenn Objekt, Empfänger und Zeitpunkt genannt werden, weil beispielsweise der Essensbringdienst sonst nicht wüsste, welche Mahlzeit er welchem Kunden wann liefern soll, bleibt all dies im Businessjargon bewusst ausgespart. Das hat zwei Vorteile: Erstens können diejenigen, die verlangen, dass jemand liefern müsse, maximalen Druck aufbauen, wenn auch nur rhetorisch. Zweitens finden jene, die das nebulöse Versprechen geben zu liefern, hinterher garantiert eine Ausrede, wieso es nicht geklappt hat. So ist es kein Zufall, dass die Floskel bei Funktionären der eher weniger erfolgreichen FDP überaus beliebt ist, wie das *SZ Magazin* einmal feststellte.[226]

Das sollte den zahlreichen Lieferhelden, die tagtäglich von sich reden machen, zu denken geben.

MANAGER/MANAGEMENT

Manager ist keine geschützte Berufsbezeichnung, klingt aber wichtig und gleichzeitig diffus. Anders als etwa Abteilungsleiterinnen müssen Manager nicht unbedingt Personalverantwortung haben, weshalb sich ihre Zahl enorm steigern ließ – bis hin zum Facility Manager, also Hausmeister. Mit dem Begriff geht oft ein gewisser Machbarkeitswahn einher, also die Überzeugung, alles und jedes könne und müsse gemanagt werden. Die Liste der Betätigungsfelder reicht mittlerweile vom klassischen Produktions-, Vertriebs- und Marketingmanagement bis hin zum Stress-, Achtsamkeits- und Feelgoodmanagement. Der moderne Mensch ist zudem zur permanenten persönlichen

Optimierung aufgerufen. Sollten wir alle irgendwann Manager unserer selbst sein, hätte der Begriff jede Unterscheidungskraft verloren und seine Schuldigkeit getan.

PROAKTIV

Aktiv war gestern, heute hat man proaktiv zu sein. Es handelt sich um eine erfolgreiche Wortneuschöpfung, die das schlichte »aktiv« zum Klingen bringt. Zur Sache trägt die Vorsilbe »pro« nichts bei, wohl aber zum Renommee – man denke nur an probiotischen Joghurt, der nicht besser ist als gewöhnlicher, aber zu höheren Preisen verkauft wird.

Gemeint ist mit »proaktiv«, dass jemand etwas auf eigene Initiative hin tut. In Führungskreisen wird das Wort gern verwendet, um sich gegenseitig auf die Schultern zu klopfen wie in dieser Mitteilung des Industrieverbands Dichtstoffe: »Besonderen Respekt haben sich die amtierenden Vorstände vor allem mit ihrer proaktiven Haltung verdient.«[227] Gegenüber gewöhnlichen Mitarbeitern und Mitarbeiterinnen lautet die Botschaft dagegen: Klotz ordentlich ran! Zum Beispiel bei der Messe Düsseldorf, die für fünf Tage im September 2019 »kommunikative, proaktive und motivierte Persönlichkeiten« zur Betreuung eines Messestands suchte. »Um die interne Datenbank mit ›Futter‹, also Kundendaten für den späteren Vertrieb zu füllen, kommst DU ins Spiel!«, hieß es in der Annonce. »Kontaktgenerierung für unseren Kunden bedeutet: proaktiv auf die Messebesucher zugehen, auf das ausgestellte Produkt aufmerksam machen, nach Visitenkarten fragen.«[228]

Aber, Obacht, liebe proaktive Mitarbeiter: Es ist nur ein kleiner Schritt hin zum Aktionismus, worauf der Software-Anbieter Salesforce in seinem lehrreichen Blog hinweist: »Bevor Sie also in Übereifer ausbrechen, gehen Sie angemessen und mit Bedacht vor. Proaktiver Kundenkontakt sollte nicht aufdringlich und lästig wirken und somit sein Ziel verfehlen.«[229]

SALE

Ältere Menschen erinnern sich noch an den Sommer- und Winterschlussverkauf (SSV und WSV): Geschäfte setzten zu festen Terminen ihre Preise herab, um Saisonware loszuschlagen – und die Schnäppchenjäger stürzten sich auf die Wühltische. SSV und WSV waren besondere Ereignisse im Jahresverlauf, über die sogar die »Tagesschau« berichtete. Die Schlussverkäufe waren gesetzlich reglementiert, nur bestimmte Produkte durften für eine gewisse Zeit verramscht werden – bis diese Einschränkungen schließlich im Jahr 2004 aufgehoben wurden.

Heute, in Zeiten von Wegwerfmode (fast fashion), ist ständig irgendwo ein »Sale« genannter Ausverkauf, gern in alarmroten Buchstaben angekündigt. Damit vermittelt der Handel der Kundschaft zwei interessante Botschaften: Unsere Margen sind so hoch, dass wir die Preise regelmäßig drastisch reduzieren können, und wer etwas zum regulären Preis kauft, ist selbst schuld. Von großer Begeisterung über die allgemeine Rabbatitis kann heute keine Rede mehr sein, mancher findet sogar: »Sale sucks«.[230]

SILO

Ein Managementbegriff, bei dem man spontan an die Landwirtschaft denkt, denn auf Bauernhöfen sind hoch aufragende Silos, also Speicher für Schüttgüter wie zum Beispiel Getreide oder Futtermittel, unübersehbar. Im Businessjargon werden mit diesem Begriff betriebliche Einheiten bezeichnet, in denen sich die Angestellten hermetisch abschotten und nur an sich denken statt ans große Ganze oder gar an den Kunden. Das Bild stammt angeblich von dem US-amerikanischen Managementvordenker Peter Drucker, nur ist es schief, weil Silos gar nicht denken, sondern höchstens darauf warten, dass man oben etwas in sie hineinschüttet und unten wieder herausholt.

Dennoch hat sich das Silo-Denken zum Lieblingshasswort von Unternehmensberatern und Management-Gurus entwickelt. Ihre Idealvorstellung der agilen Organisation (→ Agilität) kennt nämlich keine Abteilungen mehr, sondern nur noch → Teams, die sich spontan, je nach Aufgabe bilden und in denen hierarchiefrei zum Wohle des gesamten Unternehmens geschafft wird. Eine schöne, allerdings weltfremde Vorstellung, wie der Soziologe Stefan Kühl anmerkt, denn: »Das Silo-Denken – das Denken in lokalen Rationalitäten, wie wir das nennen – ist der Mechanismus, der sich in jeder Organisation mit Arbeitsteilung automatisch ausbildet.« Löst sich ein Silo auf, entsteht unweigerlich ein neues.

Das Silo-Denken ist also nicht aus der Welt zu schaffen, was den entsprechenden Begriff, um zum Positiven zu kommen, zu einem Evergreen des Businessjargons prädestiniert.

UMSATZ GENERIEREN

Im Geschäftsleben geht es nicht zuletzt darum, Geld zu verdienen. Nur scheuen sich heutzutage viele Führungskräfte davor, dies offen anzusprechen. Anscheinend genieren sie sich für ihr → Kerngeschäft und sprechen deshalb nicht mehr davon, Umsatz zu machen, sondern Umsatz zu generieren. Das klingt feiner und auch ein wenig geheimnisvoll, so als würde all der Mammon wie in der Alchemie von Zauberhand im Vorstand erschaffen. Für gemeine Mitarbeiter oder gar Endverbraucher ist das Fremdwort zwar schwer zu verstehen, aber solche Personenkreise werden von Topmanagern ohnehin nicht → adressiert. Sie wenden sich an ihresgleichen oder an Aktionäre, Analystinnen und Wirtschaftsjournalisten, mit denen sie sich → auf Augenhöhe austauschen können. Unter solchen Fachleuten goutiert man Erläuterungen wie die von Daniel Vasella, damals Vorstandsvorsitzender des Pharmakonzerns Novartis, zum Geschäft mit Generika (Nachahmerprodukten): »Generika müssen anders geführt werden als das Markengeschäft, und zudem generieren sie geringere Margen.«[231] Noch eleganter wäre gewesen: Generika generieren geringere Gewinne.

VORHANG ZU UND SCHLUSS MIT DEM FIRMENTHEATER

»Wenn die Begriffe nicht stimmen, ist das, was gesagt wird, nicht das Gemeinte. Wenn das, was gesagt wird, nicht das Gemeinte ist, gedeihen die Werke nicht.«

Konfuzius, 500 Jahre vor unserer Zeitrechnung

Früher hieß es: Die Demokratie endet am Werkstor. Der Chef bestimmte, die Untergebenen hatten zu parieren. Die Zeiten haben sich glücklicherweise geändert: In den meisten Firmen herrscht kein Kasernenhofton mehr, die Mitarbeiter dürfen zum Wohle des Unternehmens mitreden und sollen bei bestimmten Fragen auch mitentscheiden. Dennoch ist der Arbeitnehmerstatus nach wie vor mit erheblichen Einschränkungen persönlicher Freiheiten verbunden, die außerhalb von Unternehmen in demokratischen Gesellschaften selbstverständlich sind. Der Organisationssoziologe Stefan Kühl veranschaulicht das folgendermaßen: »Es gibt keinen König, Kaiser oder Papst mehr, der über Befehls- und Anweisungsketten in die verschiedenen Lebensbereiche der Bevölkerung hineinregieren könnte. Niemand würde heutzutage den Bundespräsidenten als hierarchisch obersten Vorgesetzten akzeptieren. Einzige Ausnahme: die Mitarbeiter.«[232]

Das Fortbestehen solcher Hierarchien am Arbeitsplatz ist einer der Gründe dafür, dass der Handel mit leeren Worten in der Wirtschaftswelt so floriert. Wer unter Freunden, Bekannten oder in den sogenannten sozialen Medien Unsinn verbreitet, muss sich auf heftigen Widerspruch gefasst machen. Die Führungskräfte einer Firma kommen eher damit durch, weil ihre Mitarbeiter aus Angst vor Sanktionen alle Äußerungen der Chefs – und seien sie noch so hohl – stillschweigend zur Kenntnis nehmen. Weitere Gründe für die Bullshit-Expansion sind die Psychologisierung und maßlose Überhöhung der Arbeit. Denn heute ist in vielen Organisationen nicht mehr nur der Funktionsträger gefragt, der eine bestimmte Rolle einnimmt, die er oder sie nach Feierabend wieder ablegt, sondern die Hingabe jedes Einzelnen an seinen Job.

Diese Anforderung führt zu allerlei aufgesetzten Bekenntnissen, wie man sie sonst nur aus Kirchen oder Sekten kennt. Wolfgang Engler, Rektor der Hochschule für Schauspielkunst Ernst Busch in Berlin und auch als Ausbilder von Managern tätig, schilderte im Interview mit dem Magazin *brand eins* folgendes Beispiel: »Ich war vor einigen Jahren in einem Hotel. In jedem Zimmer lag eine Broschüre, in der sich die jungen Beschäftigten des Unternehmens vorstellten und erklärten, wie großartig es ist, dort zu arbeiten. Ein Tony oder Tom hatte geschrieben, hier müsse er sich nie verstellen, hier könne er sein, wie er wirklich sei. Was für ein Missverständnis! Der Werbetext suggeriert, dass der Mitarbeiter als ganze Person identisch mit seiner Servicefunktion im Hotel ist. Und das bei einer eher unpersönlichen Hotelkette, die Dienstleistungen industrialisiert hat.«[233]

Engler sprach von »Real-Theater« und fühlte sich an

seine Jugend in der DDR erinnert: »Da gab es ein Bonmot: Wir tun so, als würden wir arbeiten, und der VEB› tut so, als würde er uns bezahlen. Heute tut das Unternehmen so, als sei die Arbeit ein kreativer Akt der Selbstverwirklichung und des Vergnügens, und die Mitarbeiter tun so, als würden sie das glauben.« Solche Schauspielerei wirkt auf den unbeteiligten Beobachter durchaus komisch und hat kreative Geister zu Werken wie der satirischen Fernsehserie »The Office« und deren deutscher Variante »Stromberg« inspiriert. Für die unmittelbar Betroffenen sind die hohlen Phrasen aus dem Satzbaukasten, mit denen sie unaufhörlich traktiert werden, allerdings weniger lustig.

Denn Business Bullshit …

- nervt: Das Bildungsniveau steigt allgemein, viele Berufstätige haben anspruchsvolle Aufgaben, bei denen es auf Fachkenntnis, Präzision und begriffliche Klarheit ankommt. Dank flacher Hierarchien und vieler Informationsquellen sind sie über den Zustand ihrer Firma im Bilde. Wenn ihnen Vorgesetzte trotzdem allerlei Märchen für Erwachsene erzählen, etwa über die angeblich vorbildliche Unternehmenskultur der → Purpose driven Company oder den abrupten, vom Topmanagement aber selbstverständlich wohldurchdachten Strategiewechsel, fühlen sie sich veralbert. »Die Wahrheit ist dem Menschen zumutbar«, sagte die Schriftstellerin Ingeborg Bachmann im Jahr 1959.›› Das gilt nach wie vor.

› Abkürzung für Volkseigener Betrieb in der DDR. VEBs entstanden dort durch den Zusammenschluss von enteigneten und verstaatlichten Unternehmen.

›› Aus der Rede von Ingeborg Bachmann zur Verleihung des »Hörspielpreises der Kriegsblinden« am 17. März 1959 im Bundeshaus in Bonn. Der Satz steht heute auf ihrem Grabstein auf dem Friedhof Klagenfurt-Annabichl.

- ist hochansteckend: »Managementjargon«, so der Organisationsforscher André Spicer, »scheint überall zu sein und sich auf alles zu beziehen. Und das, obwohl er keinen Ursprung hat, keine Geschichte, keinen Autor und keine wirklichen Gläubigen.«[234]
- sät Misstrauen: Aussagen in anschaulicher, klarer und einfacher Sprache wirken glaubwürdiger als abstrakte, mehrdeutige und komplizierte – also der typische Managerjargon. Wer als Führungskraft davon schwadroniert, → Synergien zu heben und in Wahrheit Personalabbau meint, dem kaufen die Mitarbeiter bald gar nichts mehr ab.
- zeugt von mangelndem Esprit, Mut und Charisma des Führungspersonals. Gunter Dueck, ehemalige Führungskraft bei IBM, drückt es so aus: »Das Management verreckt zunehmend an seiner routinierten Sprache. Es genügt zum Erfolg, Managementsprech im Stakkato zu bieten – so wie der Pfarrer routiniert predigt. Es kommt kein wirklicher Glaube auf, hier wie da.«[235] Ein Beispiel wie aus dem Lehrbuch lieferte Paul Robson, der als Manager für das internationale Geschäft des Softwarekonzerns Adobe zuständig ist: »Unternehmen müssen sich heutzutage darauf konzentrieren, begeisternde Kundenerlebnisse bereitzustellen und dabei die ständig steigenden Erwartungen ihrer Kunden zu übertreffen, um in einem zunehmend wettbewerbsintensiven Umfeld erfolgreich zu bleiben.«[236] Nun weiß bei Adobe jeder, was Sache ist!
- senkt die Produktivität: Die Beschäftigung mit Bullshit kostet Unternehmen und andere Organisationen enorm viel Zeit und Energie, die deutlich sinnvoller eingesetzt werden könnten. Darüber hinaus wirken diese Phrasen abschreckend auf kluge, gewissenhafte und an ihrer eigentlichen Arbeit interessierte Menschen.

- zieht wenig sympathische Typen an: Blender, Bluffer, Jasager, Dampfplauderer, Karrieristen und Faulenzer. Vermutlich ist es kein Zufall, dass unter den Bullshittern Männer deutlich überrepräsentiert sind.
- verwirrt die Außenwelt und schreckt potenzielle Kunden ab: Dies ist vor allem dann der Fall, wenn das im Management überaus beliebte Bad Simple English (BSE) in der Außendarstellung oder Werbung eingesetzt wird. Ein Paradebeispiel lieferte die Kosmetikkette Douglas, die ihre Kundinnen mit »Come in and find out« anlocken wollte – was viele wörtlich mit »Komm rein und finde wieder raus« übersetzten. Später rief der Konzern den Frauen weniger missverständlich, aber ebenso inhaltsfrei zu: »Do it for you«. Besonders zahlreich sind Anglizismen in der Finanzbranche, in der die Irreführung der Kundschaft offenbar zu den Geschäftsprinzipien gehört. Allerdings ist es ungeschickt, die Leute von vornherein mit Begriffen wie Wealth Management abzuschrecken. Denn viele verstehen darunter nicht die Verwaltung des Geldes vermögender Privatanleger, sondern sie denken, »das Angebot habe etwas mit Gesundheit zu tun«, so der Kommunikationswissenschaftler Frank Brettschneider.[237]
- lähmt die Denkfähigkeit: Leeres Stroh zu dreschen ist weder gut fürs Gehirn noch eine nützliche Personalentwicklungsmaßnahme und kann zur Verdummung ganzer Organisationen beitragen. So bemerkte schon Ludwig Wittgenstein: »Die Grenzen meiner Sprache bedeuten die Grenzen meiner Welt.«[238]
- ist angstbesetzt und deshalb wenig innovativ: Laut Jürgen Werner, Berater von Managern und Philosoph, dient »das Sperrgut aus Leerformeln« nicht zuletzt dem Selbstschutz von Angestellten und Managern. »Diese leblose, sprachliche

Neutralität kommt aus der Angst, nur ja nichts Falsches zu sagen, sich keine Blöße zu geben.«[239]

- weitet den Einfluss des Marketings auf Gebiete wie die interne Kommunikation in Unternehmen, Behörden und anderen Institutionen aus: Man gaukelt den eigenen Mitarbeitern mit Leitbildern, Unternehmenswerten, Missionen und Visionen zunehmend Scheinrealitäten vor, wie man sie zuvor nur aus der Produkt- oder Imagewerbung kannte.
- vereinfacht die komplexe Realität von Organisationen so stark, dass selbst deren Mitglieder sie nicht wiedererkennen.
- macht unglücklich: Menschen möchten bei der Arbeit etwas Sinnvolles tun. Wenn sie den Eindruck haben, das Gegenteil sei der Fall, fühlen sie sich schlecht. Das ist eine zentrale Erkenntnis von David Graebers Recherchen zu Bullshit-Jobs. Dazu zählt etwa der Fall eines jungen Mannes, der nach seinem Universitätsabschluss bei einer Designfirma angestellt wird, wo er sich um ein internes Computersystem kümmern soll, obwohl er keine besonderen IT-Kenntnisse hat. Er bemerkt schnell, dass niemand dort dieses System will – bis auf eine einzige Person. Man hat offenbar absichtlich jemanden ohne Fachkenntnisse eingestellt und ist zufrieden damit, dass das ungeliebte Computersystem nicht funktioniert. Der junge Mann verbringt laut Graeber ein Jahr damit, herauszufinden, ob er irgendetwas tun kann, um entlassen zu werden – vergeblich: »Jedes Mal, wenn er es versucht, geben sie ihm eine Gehaltserhöhung«, so Graeber. »Sie bitten ihn zu bleiben.«[240] Geld zu bekommen, ohne etwas Nützliches dafür tun zu müssen, mag für manche paradiesisch klingen. Doch der junge Mann leidet laut Graeber sehr darunter. »Es macht ihn verrückt.«[241] Graeber schlägt ein bedingungsloses Grundeinkommen vor, um Menschen von der

Notwendigkeit zu befreien, Bullshit-Jobs anzunehmen. Volkswirtschaftlich könnte das ein Gewinn sein: Der Welt würde viel Unfug erspart, und die Leute hätten Gelegenheit, aus freien Stücken etwas Sinnvolles zu tun.

- ist in starker Ausprägung ein Indiz für Organisationen, in denen die Wirklichkeit nicht mehr zur Kenntnis genommen wird. Welche fatalen Folgen eine die Realität verleugnende, inhaltsleere Sprache haben kann, zeigt das Beispiel General Motors (GM). Der US-amerikanische Autohersteller musste im Jahr 2014 – nachdem er während der Finanzkrise durch staatliche Hilfen in Milliardenhöhe vor der Insolvenz gerettet worden war – 1,6 Millionen Autos zurückrufen. Der Grund: Bei verschiedenen Modellen kam es vor, dass die Zündung während der Fahrt plötzlich aussetzte. Dann funktionierten weder Servolenkung noch Bremskraftverstärker oder Airbag. GM räumte offiziell ein, durch die mangelhafte Technik hätten zwölf Menschen bei Unfällen das Leben verloren. Verbraucherschützer zogen eine deutlich schlimmere Bilanz. Die betroffenen Fahrzeuge waren in den Jahren 2003 bis 2007 produziert worden. Zu dem fatalen Fehler kam es wegen eines Zündschlosses mit mangelhafter Mechanik: Hing etwas Schweres am Zündschlüssel oder war die Fahrbahn holprig, konnte er sich in die »Aus«-Position zurückbewegen. Mit dem Rückruf stellte sich die Frage, wieso der Konzern so viele Jahre verstreichen ließ, bevor er sich endlich dieses gravierenden, aber leicht zu lösenden Problems annahm. Der Staatsanwalt Anton Valukas kam in einer unabhängigen Untersuchung zu folgendem Ergebnis: Ingenieure von GM hatten die unsicheren Zündschlösser als »Kundenkomfort«-Problem verharmlost. »Sobald das Problem so definiert war«, heißt es in Valukas' Bericht, »wurde es weniger beachtet,

> und die Bemühungen, es zu beheben, wurden durch Kostenüberlegungen beeinflusst, die unerheblich gewesen wären, wenn das Problem überhaupt richtig kategorisiert worden wäre«.[242]

Auch das noch: Meta-Bullshit

Die Risiken und Nebenwirkungen von Business Bullshit müssten kluge Unternehmer und Managerinnen eigentlich dazu veranlassen, ihre Firmen von derlei Unrat frei zu halten. Tatsächlich gibt es mittlerweile etliche Initiativen und Unternehmen, die genau das demonstrativ von sich behaupten. So hat die Schweizer Marketingfrau Nicole Blum eine Naturkosmetikmarke namens No Bullsh!t erfunden. Der Name, so Blum, setze sich »aus meinen Initialen ›NB‹ zusammen und bringt genau auf den Punkt, wofür meine Produkte und meine Philosophie stehen. (...) Ich will ehrliche Naturkosmetik machen, die Spaß macht. Keine leeren Versprechungen, keine unnötigen Inhaltsstoffe, keine unnötigen Ressourcen verschwenden – No Bullsh!t. Und da ich ein bisschen Rebellion mag, passt der Name doch ausgezeichnet.«[243] Eine österreichische Firma mit dem schönen Namen Intelligent Strength hat ein Silikon-Armband im Angebot, mit dem man »Teil der No-Bullshit-Bewegung« werden kann. Die niederländische No Bullshit Academy verspricht, Bullshit in nützlichen »Dünger zu verwandeln«.[244]

Außerdem ist eine No-Bullshit-Therapie auf dem Markt. No-Bullshit-Yoga und sogar Unternehmensberater – zu deren → Kerngeschäft das Verbreiten von Blasen und Phrasen zählt – sind auf den Zug aufgesprungen.

Andreas Frischherz von der GCI Management Consulting GmbH mit Sitz in München erläutert den besonderen Ansatz seines Hauses so: »Die Freude an der Lösung komplexer Problemstellungen ist ja auch das, was uns antreibt. Hier sehen wir unseren wesentlichen Wertbeitrag bei der Weiterentwicklung von Unternehmen, denn oft bleiben im Arbeitsalltag einfach nicht ausreichend Zeit und Ressourcen, um Fragestellungen abseits des Tagesgeschäfts im Detail und fundiert zu beantworten. Hier kommen wir als Externe ins Spiel und können mit absolutem Fokus, strukturiert und aufbauend auf unser Methoden-Wissen und unsere Erfahrung, Geschwindigkeit, Tiefgang und Objektivität einbringen – no Bullshit Consulting eben.«[245] Und dann wäre da noch Fortunalista.de, ein Finanzblog für Frauen mit diesem vielversprechenden Angebot: »So entwickelst du ein No-Bullshit Mindset … Ob für die eigene Finanzplanung, oder für sonstige, andere Ziele, die du dir gesteckt hast: Das richtige Mindset ist die Basis für alles. Damit steht und fällt dein gesamtes Vorhaben – und deine Zukunftsplanung. Und zwar bezogen auf alle Lebensbereiche.«[246]

→ Mindset, Wertbeitrag, → Fokus, → Rebellion: Die Mission Statements all dieser angeblichen Vorkämpfer für weniger Humbug im Geschäftsleben klingen, als wollten sie eine Einladung zum Bullshit-Bingo aussprechen. Es liegt der Verdacht nahe, dass hier in Wahrheit Meta-Bullshit feilgeboten wird, sozusagen Bullshit 2.0.

Wer seine Organisation wirklich davon freihalten möchte, braucht eine gewisse Distanz zum eigenen Tun, auch »Humor« genannt, und die Bereitschaft, mit Zweifeln und Kritik umzugehen. Beispielhaft dafür ist eine selbstironische Botschaft der Robust Systems GmbH mit Sitz im hessischen Mörfelden-Walldorf. Auf der Homepage des Beratungsunternehmens heißt es: »Zum Zwecke der Readability unserer Pages haben wir den Content weitgehend ohne Denglisches Wording performed. Falls Sie nevertheless ein paar Bullshit-Bingo-Wörter spotten, reporten sie diese bitte an uns, wir werden die Site dann up-daten.«[247]

Die einschlägigen Begriffe sind leicht identifizierbar: Was so aussieht, klingt und wirkt wie Bullshit, ist es meist auch. Der Kampf dagegen ist aus den in diesem Buch genannten Gründen mühselig, aber lohnend. Wer sich entsprechend wappnen will, kann Wittgenstein konsultieren oder auch das Neue Testament, Matthäus 5,37: »Eure Rede aber sei: Ja! Ja! Nein! Nein!«

DANK

Herzlichen Dank an meine ersten Leser Ralf Bergmann, Peter Bier, Silke Körber, Juliane von Laffert und Michaela Streimelweger, die mit zahlreichen Anmerkungen und Verbesserungsvorschlägen zu diesem Buch beigetragen haben.

ANHANG

ANMERKUNGEN

Business Bullshit

1 Karl Kraus zit. in: Prager, Katharina, unter Mitarbeit von B. Stocker: Karl Kraus Online. Wienbibliothek im Rathaus, Ludwig Boltzmann Institut für Geschichte und Theorie der Biographie 2015, http://www.kraus.wienbibliothek.at/der-falsch-zitierte (abgerufen am 09.12.2020.

2 Wittgenstein, Ludwig: »Tractatus logico-philosophicus«. Frankfurt a. M. 2018, S. 7.

3 Siehe Pörksen, Uwe: »Plastikwörter: Die Sprache einer internationalen Diktatur«. Stuttgart 2011.

4 Siehe Spicer, André: »Playing the Bullshit Game: How Empty and Misleading Communication Takes Over Organizations«. In: *Organization Theory*, 1/2020, S. 1–26.

5 Ebd., S. 8, Übersetzung des Autors.

6 Frankfurt, Harry G.: »Bullshit«. Frankfurt a. M. 2006, S. 28.

7 Ebd., S. 40.

8 Laut Donalds Trumps Schwester, Maryanne Trump Barry, einer ehemaligen US-Bundesrichterin, ist er für »fünf Insolvenzen« verantwortlich. Siehe Hautkapp, Dirk: »Donald ist grausam«. In: *Hamburger Abendblatt*, 24.08.2020.

9 MMC Ventures: »The State of AI: Divergence«, 2019.

10 Zimmerman, Eilene: »Jeffrey Pfeffer: Why the Leadership Industry Has Failed«. In: Stanford Graduate School of Business, 09.09.2015, https://www.gsb.stanford.edu/insights/jeffrey-pfeffer-why-leadership-industry-has-failed (abgerufen am 07.09.2020), Übersetzung des Autors.

11 Ebd.

12 Vgl. dazu auch Pfeffer, Jeffrey: »Leadership BS: Fixing Workplaces and Careers One Truth at a Time«. New York 2015.

13 Cohen, G. A.: »Deeper into Bullshit«. In: Buss, S.; Overton, L. (Hg): »Contours of Agency«, Cambridge, Massachusetts 2002, S. 321–339.

14 Marquard bezog dies auf den Kompetenzverlust seiner Disziplin, die ihre Deutungshoheit im Laufe der Zeit verloren habe. Siehe Marquard, Odo: »Inkompetenzkompensationskompetenz? Über Kompetenz und Inkompetenz der Philosophie«. In: Baumgartner, Hans M.; Höffe, Otfried; Wild, Christoph (Hg.): »Philosophie – Gesellschaft – Planung. Kolloquium,

Hermann Krings zum 60. Geburtstag.« München 1974. S. 114–125.

15 Frankfurt, Harry G.: »Bullshit«. Frankfurt a. M. 2006, S. 70.

16 Nietzsche, Friedrich: »Werke in drei Bänden«. München 1954, Band 2, S. 21.

17 Kühl, Stefan: »Die Fassade der Organisation«, Working Paper, 1/2010, S. 2: https://www.uni-bielefeld.de/soz/personen/kuehl/pdf/Schauseite-Working-Paper-1_19052010.pdf (abgerufen am 07.09.2020).

18 Siehe dazu Bergmann, Jens: »Der Tanz ums Ich«. München 2015, S. 190 f.

19 Meiffert, Torsten: »Ich would prefer not to ... Anmerkungen zum Unbehagen in Organisationen«. In: *Organisationsentwicklung: Zeitschrift für Unternehmensentwicklung und Change Management*, 26/2007, 1, S. 48–52, https://www.tmeb.de/fileadmin/download/pdf/bartleby.pdf (abgerufen am 07.09.2020).

20 Meiffert, Torsten: »Ich would prefer not to ... Anmerkungen zum Unbehagen in Organisationen«. In: Organisationsentwicklung: Zeitschrift für Unternehmensentwicklung und Change Management, 26/2007, 1, S. 48–52, https://www.tmeb.de/fileadmin/download/pdf/bartleby.pdf (abgerufen am 07.09.2020.

21 Grunwald, Wolfgang: »Wer oder was bestimmt ›Wirklichkeit‹ in Organisationen?«. In: Bouncken, R. B. et al. (Hg.): »Steuerung versus Emergenz: Entwicklung und Wachstum von Unternehmen«. Wiesbaden 2008, S. 117–144.

22 Bergmann, Jens: »Der Tanz ums Ich«. München 2015, S. 49 f.

23 Spicer, André: »Business Bullshit«. New York 2018, S. 1 f.

24 Ebd., S. 3 f.

25 Ebd., S. 4.

26 Sombart, Werner: »Wirtschaft und Mode. Ein Beitrag zur Theorie der modernen Bedarfsgestaltung«. In: *Grenzfragen des Nerven- und Seelenlebens*, Heft 12, 1902, S. 23.

27 Ebd.

28 Bergmann, Jens: »Was wurde eigentlich aus Six Sigma?« In: *brand eins*, 11/2019.
Alle in diesem Buch zitierten Beiträge aus *brand eins* sind im Online-Archiv des Magazins verfügbar: https://www.brandeins.de/magazine/brand-eins-wirtschaftsmagazin.

29 Ebd.

30 Fehr, Benedikt: »Das Geheimnis Six Sigma«. In: *Manager Magazin*, 15.11.1999, https://www.manager-magazin.de/magazin/artikel/a-48200.html (abgerufen am 07.09.2020)

31 Ebd.

32 Bergmann, Jens: »Was wurde eigentlich aus Six Sigma?«. In: *brand eins*, 11/2019.

33 Ebd.

34 Ebd.

35 Graeber, David: »On the Phenomenon of Bullshit Jobs: A Work Rant«. In: *Strike!*, 2013.

36 Spicer, André: »Business Bullshit«. New York 2018, S. 66.

37 Bergmann, Jens: »Von Visionen, Kulturrevolutionen und zentralen Eckpfeilern«. In: *brand eins*, 7/2000.

38 Ebd.

39 Bergmann, Jens: »Spirtuelle Marktwirtschaft«. In: *brand eins*, 3/2002.

40 Schweppe, Christian: »Wir sprechen nicht von Einzelfällen«. In: *Welt am Sonntag*, 31.5.2020.

41 Siehe Schule Liebefeld Steinhölzli: http://www.schuleliebefeld.ch (abgerufen am 07.09.2020).

1 Imponiervokabular

42 Weishaupt, Georg: »› Wir sind ab nächstem Jahr schuldenfrei‹ – Das ist der Zukunftsplan des Henkel-Chefs«. In: *Handelsblatt*, 21.01.2019, https://www.handelsblatt.com/unternehmen/handel-konsumgueter/hans-van-bylen-im-interview-wir-sind-ab-naechstem-jahr-schuldenfrei-das-ist-der-zukunftsplan-des-henkel-chefs/23890624.htm (abgerufen am 17.08.2020).

43 Deffner, Dietmar; Zschäpitz, Holger: »Herbert Diess mit Thesen zu 21 Themen, die alle bewegen«. In: *Welt*, 07.05.2019.

44 Vojta, Norbert: »Wir machen keine Experimente«. In: *Welt*, 25.11.2012.

45 Wolff, Julien und Altschäffl, Tobias: »Der Macher und seine Champions«. In: *Welt am Sonntag*, 30.08.2020.

46 Eick, Felix: »Endlich Lokführer«. In: *Welt*, 13.12.2019.

47 Walgenbach, Peter; Hegele, Cornelia: »Was kann der Apfel von der Birne lernen, oder wozu brauchen Unternehmen Benchmarking?«. In: *Industrielle Beziehungen*, 2/2000, S. 180–189.

48 Ebert, Vince: »Warum die Macht von Big Data überschätzt wird«. In: *Handelsblatt*, 11.09.2018.

49 Siehe die Website der Firma: https://www.continental.com/de/karriere/arbeiten-bei-continental/funktionen-und-rollen/business-consulting-98880 (abgerufen am 05.10.2020).

50 Mutaree GmbH: »Nur 23 Prozent aller Change-Projekte sind erfolgreich«, https://mutaree.com/content/nur-23-prozent-aller-change-projekte-sind-erfolgreich (abgerufen am 08.10.2020).

51 So die Unternehmenswebsite: https://www.accenture.com/de-de/company-news-release-accenture-digital-disruption (abgerufen am 05.10.2020).

52 Völkl, Maximilian: »Stahl ist unsere DNA«. In: *Der Aktionär*, 30.11.2019, https://www.deraktionaer.de/artikel/aktien/salzgitter-stahl-ist-unsere-dna-ceo-heinz-joerg-fuhrmann-im-exklusiv-interview-20193947.html (abgerufen am 08.10.2010).

53 Möller, Andrea: »Premium-Rindfleisch aus Deutschland ist nun mal unsere DNA«. In: *fleischwirtschaft.de*, 16.08.2019, https://www.fleischwirtschaft.de/management/nachrichten/Karriere-Premium-Rindfleisch-aus-Deutschland-ist-unsere-DNA-39934 (abgerufen am 08.10.2020).

54 Rentz, Ingo: »McDonald's feiert die Familienvielfalt – mit einer Kampagne von Heimat«. In: *Horizont*, 14.05.2019, https://www.horizont.net/marketing/nachrichten/tag-der-familie-mcdonalds-feiert-die-familienvielfalt---mit-einer-kampagne-von-heimat-174840 (abgerufen am 08.10.2020).

55 Siehe dazu: Bergmann, Jens: »Der Tanz ums Ich: Risiken und Nebenwirkungen der Psychologie«. München 2015, S. 66.

56 Martin, Nicole: »13 Best Quotes About The Future Of Artificial Intelligence«. In: *Forbes*, 27.06.2019, Übersetzung des Autors, https://www.forbes.com/sites/nicolemartin1/2019/06/27/13-greatest-quotes-about-the-future-of-artificial-intelligence/#5ab62ac63bdf (abgerufen am 08.10.2020).

57 Deutsche Post DHL Group: »Bericht zur Unternehmensverantwortung 2017«, S. 6, https://www.dpdhl.com/content/dam/dpdhl/de/media-center/

responsibility/dpdhl-bericht-zur-unternehmensverantwortung-2017.pdf (abgerufen am 09.10.2020).

58 Merck AG: »Geschäftsbericht 2014«, S. 59.

59 Krematorium Landau: »Die 10 Grundsätze unserer Arbeit«, Punkt 5, https://www.krematorium-landau.de/wp-content/uploads/2014/06/KL_10Grundsaetze.pdf (abgerufen am 09.10.2020).

60 Im Internet ist das Manifest von Roth, Singer et al. verfügbar unter https://www.spektrum.de/magazin/das-manifest/839085 (abgerufen am 05.10.2020).

61 Alle Zitate stammen aus dem Beitrag: Bergmann, Jens: »Neuro-Astrologie«. In: *brand eins*, 2/2015.

62 Thadeusz, Frank: »Schock, Zweifel und Staunen«. In: *Der Spiegel*, 41/2013.

63 Schumacher, Harald: »Der Beton-Kopf«. In: *Wirtschaftswoche*, 28/2019.

64 Dohmen, Frank; Schießl, Michaela: »Schlimmer als die Mafia«. In: *Der Spiegel*, 25/2019.

65 F. X.; K. R.: »Im Genuss-Test: Die neuen Burger mit Fake-Meat Beyond Burger«. In: *Der Tagesspiegel*, 25.5.2019.

66 N. N.: »Die spektakulärsten Deals der Samwer-Brüder«. In: *Manager Magazin*, 18.2.2011, https://www.manager-magazin.de/fotostrecke/fotostrecke-64785.html (abgerufen am 09.10.2020).

67 Böttcher, Dirk: »Natürlich bedienen diese Personen alle Klischees eines Gründers, genau das wird ja bestellt«. In: *brand eins*, 1/2020.

68 Hersh, David: »Stop Letting Quarterly Numbers Dictate Your Strategy«. In: *Harvard Business Review*, 13.12.2016, https://hbr.org/2016/12/stop-letting-quarterly-numbers-dictate-your-strategy. (abgerufen am 09.10.2020).

69 Ebd.

70 Strategy&: »2018 CEO Success study«, S. 26.

71 So heißt es auf der Website der Firma: https://www.juullabs.de/our-technology (abgerufen am 05.10.2020).

72 Hierzu der Text auf der Firmenwebsite unter https://www.aqua-spin.com (abgerufen am 05.10.2020).

73 So heißt es auf der Website der Firma: https://www.rivoli.ch/de/content/category/9-unsere-technologie (abgerufen am 05.10.2020).

2 Beschwörungsformeln

74 Beck, Kent; Beedle, Mike; Bennekum, Arie van et al.: »Manifest für Agile Softwareentwicklung«, 2001, http://agilemanifesto.org/iso/de/manifesto.html (abgerufen am 07.10.2020).

75 Kühl, Stefan: »Die überraschende Renaissance eines verstaubten soziologischen Konzeptes«, Working Paper, 2/2019.

76 Bergmann, Jens: »Was wurde eigentlich aus Six Sigma?«. In: *brand eins*, 11/2019.

77 Siehe Website der Firma: https://agile-kitchen.com/pressemitteilungen/agilitaet-auf-dem-silbertablett-agile-kitchen-macht-appetit-auf-neue-arbeitsweisen/ (abgerufen am 07.10.2020).

78 Ebd.

79 Rassek, Anja: »Begeisterung«, 22.09.2020, https://karrierebibel.de/begeisterung/ (abgerufen am 07.10.2020).

80 Siehe Website der Firma: https://www.shd-online.de/karriere/ (sic!) (abgerufen am 10.10.2020).

81 Siehe Website des Handelsverbands Deutschland HDE e. V.: »20 Gründe für Dich und Deine Begeisterung im Handel«, https://www.jetztschonprofi.de/swipestories_20r/ (abgerufen am 07.10.2020).

82 Siehe Website der Firma: https://www.bofrost.de/karriere/job/page/2/ (abgerufen am 07.10.2020).

83 Schäfer, Susanne: »Wenn Ideen so wertvoll sind, warum mache ich dann nicht mehr aus ihnen?« In: *brand eins*, 12/2019.

84 Sprenger, Reinhard K.: »Mythos Motivation«. Frankfurt a. M. 2014, S. 62, Hervorhebung im Original.

85 Spinnen, Burkhard: »Gut aufgestellt«. Freiburg 2014, S. 13.

86 Consulting.de: »Wirtschaft in Deutschland. Wie agil sind wir schon?«, 18.04.2018, https://www.consulting.de/nachrichten/alle-nachrichten/consulting/wirtschaft-in-deutschland-wie-agil-sind-wir-schon/ (abgerufen am 07.10.2020).

87 Uvex Group: »Unternehmenswerte«, https://www.uvex-group.com/de/ueber-die-uvex-group/philosophie/unternehmenswerte/ (abgerufen am 10.10.2020).

88 Hügli Gruppe: »Leitbild der Hügli-Gruppe«, https://www.huegli.de/fileadmin/user_upload/de/huegli_gruppe/ueber_huegli/PDFs/Leitbild_November_2017_DE_web.pdf (abgerufen am 10.10.2020).

89 Berner, Winfried: »Unternehmerisches Denken: Der zweifelhafte Nutzen einer romantischen Metapher«, 2002/2013, https://www.umsetzungsberatung.de/lexikon/unternehmerisches-denken.php (abgerufen am 07.10.2020).

90 Siebenhaar, Hans-Peter: »Aufs Sonnendeck«. In: *Handelsblatt*, 06.01.2009.

91 Boldt, Klaus: »Jahr und Amen«. In: *Manager Magazin*, 9/2012.

92 Giesen, Christoph: »Wir können alles. Außer Französisch«. In: *Süddeutsche Zeitung*, 10.12.2015.

93 Josef Kaeser zitiert nach: https://press.siemens.com/global/de/pressemitteilung/siemens-schaerft-globalen-markenauftritt-ingenuity-life (abgerufen am 10.10.2020).

94 Dralle, Jens; Alex, Ralf: »Kunde zahlt nach Bedarf«. In: *Auto, Motor Sport*, 03.08.2016, https://www.auto-motor-und-sport.de/news/audi-chef-rupert-stadler-im-interview/ (abgerufen am 10.10.2020).

95 Turi, Peter: »Deutsche Bank fährt große Markenkampagne vier Monate lang intern«, https://www.turi2.de/heute/deutsche-bank-faehrt-grosse-markenkampagne-vier-monate-lang-intern/ (abgerufen am 10.10.2020).

96 Siehe auch Bergmann, Jens: »Den Ball besser flach halten«. In: *brand eins*, 2/19.

97 New Work SE: Website der Firma, https://www.new-work.se/de/ (abgerufen am 10.10.2020).

98 Hornung, Stefanie: »Für viele ist New Work etwas, was Lohnarbeit ein bisschen reizvoller macht, quasi Lohnarbeit im Minirock«. In: *Personal Magazin*, 9/2018, S. 38.

99 Maibach-Nagel, Egbert; Richter-Kuhlmann, Eva: »Interview mit Prof. Dr. rer. nat. Heyo K. Kroemer, Vorstandsvorsitzender der Charité – Universitätsmedizin Berlin: »Berlin hat großes Potenzial für optimale Strukturen«. In: *Deutsches Ärzteblatt*, 20.9.2019, https://www.aerzteblatt.de/archiv/209904/Interview-mit-Prof-Dr-rer-nat-Heyo-K-Kroemer-Vorstandsvorsitzender-der-Charite-Universitaetsmedizin-Berlin-

Berlin-hat-grosses-Potenzial-fuer-optimale-Strukturen (abgerufen am 10.10.2020).

100 Tschudy, Daniel: »Einmal querdenken, bitte«. In: *Handelszeitung*, 23.08.2018.

101 Kalitz, Susanne: »Seien Sie originell«. In: *Focus*, 9/2016.

102 Elliot Aronson zit. in Schaefer, Jürgen: »Querdenker – ein Loblied auf den Störenfried«. In: *Geo*, 2/2010.

103 Petri, Karlfried: »Kreativer Querdenker mit Blick für das Ganze: Telefonseelsorger Pfarrer Rolf Christian Wangemann gibt das Lenkrad aus der Hand«, https://www.kirchenkreis-siegen.de/?katid=1&newsid=1243 (abgerufen am 11.10.2020).

104 Backovic, Lazar; Flauger, Jürgen; Kolf, Florian; Obmann, Claudia; Scheppe, Michael: »Warum Übernahmen so oft scheitern«. In: *Handelsblatt*, 16.2.2019, https://www.handelsblatt.com/unternehmen/management/fusionen-warum-uebernahmen-so-oft-scheitern/23979016.html (abgerufen am 11.10.2020).

105 Ziesemer, Bernd: »Bayer versinkt erneut im Monsanto-Sumpf«. In: *Capital*, 09.12.2019, https://www.capital.de/wirtschaft-politik/bayer-versinkt-erneut-im-monsanto-sumpf (abgerufen 11.10.2020).

106 Der Soziologe Ulrich Beck charakterisierte mit diesem Begriff den Absolutheitsanspruch monotheistischer Religionen, siehe Beck, Ulrich: »Gott ist gefährlich«. In: Kemper, Peter; Mentzer, Alf; Sonnenschein, Ulrich: »Wozu Gott? Religion zwischen Fundamentalismus und Fortschritt«, Frankfurt a. M., 2009, S. 213 f.

3 Euphemismen

107 Salzgitter Flachstahl GmbH: »Vorstand meets Azubi«, Pressemitteilung der Salzgitter AG, 21.11.2019.

108 Böttcher, Dirk: »Ich brauche Gefolgschaft«. In: *brand eins*, 10/2014.

109 Talanx AG: »Nachhaltigkeits-Commitment des Vorstands der Talanx AG«, https://www.talanx.com/media/Files/talanx-gruppe/pdf/nachhaltigkeit-vorstandscommitment-d.pdf (abgerufen am 15.10.2020).

110 Rebel Recrution UG: »Unsere Mission«, https://rebelrecruiting.de/ (abgerufen am 15.10.2020).

111 https://onlinemarketing.de/lexikon/definition-content-marketing (abgerufen am 6.11.2020).

112 Vetter, Johannes. »Content Marketing hat uns der Teifl gebracht«. In: *Der Standard*, 28.11.2016.

113 Lidl Dienstleistung GmbH & Co. KG: »Next Level Meat«-Roadshow: Lidl tourt mit veganen Produkten durch Deutschland, https://unternehmen.lidl.de/pressreleases/191016_-next-level-meat-roadshow (abgerufen am 15.10.2020).

114 Jahn, Thomas: »Der Kunde ist wenig«. In: *brand eins*, 1/2005.

115 Warren Buffet zit. nach Rettbach Udo: »Buffet sieht Derivate als ›Finanzielle Massenvernichtungswaffen‹«. In: Handelsblatt, 17.03.2003, https://www.handelsblatt.com/archiv/buffett-sieht-derivate-als-finanzielle-massenvernichtungswaffen-terminboersen-wehren-sich/2233374.html (abgerufen am 15.10.2020).

116 »Niedriglohnbeschäftigung 2018«. In: *IAQ Report*, 5/2020.

117 Krause, Till; Wagner, Lorenz: »Im Einflussgebiet«. In: *SZ Magazin* 43/2017.
118 Ebd.
119 Erich Honecker zit. nach: Teichmann, Elisa M.: »Honeckers letzter Trinkspruch«, tagesschau.de, https://www.tagesschau.de/inland/ddr-jahrestag-101.html (abgerufen am 15.10.2020).
120 Binswanger, Mathias: »Das System funktioniert nur, wenn wir weiterwachsen – ob wir wollen oder nicht.« In: *brand eins*, 9/2019.
121 Altmaier, Peter: »Rede des Bundesministers für Wirtschaft und Energie, Peter Altmaier, zum Haushaltsgesetz 2019 vor dem Deutschen Bundestag am 22. November 2018 in Berlin.« In: *Bulletin der Bundesregierung*, Nr. 128-3, 22.11.2018.
122 Marx, Karl: »Das Kapital, Erster Band«. Berlin 1987, S. 790.
123 Fölsing, Ulla: »Maklaro kämpft gegen 30 000 Mitbewerber«. In: *Frankfurter Allgemeine Zeitung*, 07.08.2017.
124 Körner, Constantin: »Wir sind nicht für Trennungen verantwortlich«. In: *Legal Tribune Online*, https://www.lto.de/recht/job-karriere/j/outplacement-kuendigung-trennung-up-in-the-air/ (abgerufen am 15.10.2020).
125 Brost, Marc; Veiel, Andres: »Sie nennen es Sterbehaus.« In: *Die Zeit* 43/2015.
126 Hagelüken,Alexander; Kläsgen, Michael: »Kollege, sei wachsam«. In: *Süddeutsche Zeitung*, 20.11.2019.
127 Ebd.
128 Volkswagen Aktiengesellschaft: »Zwischenbericht Januar–September 2015«.
129 Brühl, Janis: »Wir sind das Nutzvieh«. In: *Süddeutsche Zeitung*, 18.12.2019.
130 Biddle, Sam: »How To Be a Genius: This Is Apple's Secret Employee Training Manual«, 28.08.2012, https://gizmodo.com/how-to-be-a-genius-this-is-apples-secret-employee-trai-5938323 (abgerufen am 15.10.2020).
131 Stöcker, Mirja: »Corporate Wording heißt: Resistente Worte finden«. In: Text Macht, https://text-macht.de/corporate-wording/ (abgerufen am 15.10.2020).

4 Gutfirmensprech

132 Berwanger, Jörg: »Unternehmen«, https://wirtschaftslexikon.gabler.de/definition/unternehmen-48087 (abgerufen am 27.10.2020).
133 Philipp Hartmann zit. nach: »Iwersen, Sönke; Bender, René; Keuchel, Jan; Votsmeier, Volker: »Wenn die Kontrolle versagt«. In: *Handelsblatt*, 07.02.2019.
134 Mann, Thomas: »Die Buddenbrooks«. Frankfurt a. M. 1969, S. 41 f.
135 Adidas AG: »Partnerschaftlicher Ansatz«, https://www.adidas-group.com/de/nachhaltigkeit/nachhaltigkeitsmanagement/partnerschaftlicher-ansatz/#/2013/stakeholder-engagement-and-guidelines/ (abgerufen am 27.10.2020).
136 Karnani, Aneel: »The Case Against Corporate Social Responsibility«. In: *Wall Street Journal*, 23.08.2010 (Übersetzung durch den Autor).
137 Wehrle, Martin: »Rette sich, wer kann: Mitarbeitergespräch«. In: *Spiegel online*, 17.09.2018, https://www.spiegel.de/karriere/mitarbeitergespraech-schlimme-erlebnisse-a-1217939.html (abgerufen am 28.10.2020).
138 Neuberger, Oswald: »Ein starkes Stück«. In: *Manager Magazin*, 20.11.1998.
139 BAT Germany: »Nachhaltigkeitsansatz«, http://www.bat.de/nachhaltigkeit (abgerufen am 29.10.2020).

140 Rheinmetall AG: »Nachhaltigkeitsbericht 2017«, https://www.rheinmetall.com/de/rheinmetall_ag/corporate_social_responsibility/csr_report/index.php (abgerufen am 29.10.2020).

141 Schmidt, Katharina: »Guter Sex ist im Kommen«, https://utopia.de/green-sex-vegan-tipps-nachhaltiges-liebesleben-125351/ (abgerufen am 29.10.2020).

142 Lilium GmbH: »Lilium präsentiert neues Flugtaxi bei erfolgreichem Erstflug«, 16.05.2019.

143 Deutsche Post DHL Group: »Deutsche Post DHL Group Corporate Citizenship Richtlinie«, 18.02.2020.

144 Sky Deutschland GmbH: »Sky Bigger Picture Performance 2015/16«, S. 5.

145 Stand am 31.12.2019 laut Blackrock Inc.: »Blackrock Annual Report 2019«, S. 26

146 Larry Fink: »Eine grundlegende Umgestaltung der Finanzwelt«, https://www.blackrock.com/at/individual/larry-fink-ceo-letter (abgerufen am 29.10.2020).

147 BlackRock Inc.: »Nachhaltigkeit bei BlackRock«, https://www.blackrock.com/de/finanzberater-und-banken/uber-blackrock/corporate-sustainability (abgerufen am 29.10.2020).

148 TÜV Süd AG: »Unser Unternehmenszweck«, https://www.tuvsud.com/de-de/ueber-uns/mission-vision (abgerufen am 25.10.2020).

149 Deutsche Boerse Group: »Unser Purpose«, https://www.deutsche-boerse.com/dbg-de/unternehmen/gruppe-deutsche-boerse/purpose (abgerufen am 29.10.2020).

150 Henkel AG: »Unternehmenskultur«, https://www.henkel.de/presse-und-medien/zahlen-und-fakten/unternehmensprofil (abgerufen am 29.10.2020).

151 Timm Fleisch- und Wurstmanufaktur GmbH: »Unsere Unternehmenskultur«, https://www.timm-frische.de/unternehmen/ (abgerufen am 29.10.2020).

152 Vertriebs Factory: »Unternehmenskultur«, http://www.vertriebs-factory.de/unternehmenskultur.htm (abgerufen am 29.10.2020).

153 House of Messure: »Geschenksack mit roten Pünktchen zum Zubinden«, https://www.houseofmessur.de/specials/upcycling/geschenksack/geschenksack-mit-roten-puenktchen-zum-zubinden (abgerufen am 29.10.2020).

154 Miles & More GmbH: »Lufhansa Upcycling Collection«, https://www.worldshop.eu/de/category/Lufthansa-Upcycling-Collection/WorldShop_Sortiment_Lufthansa_And_Aviation_Lufthansa_Upcycling_Collection_?p (abgerufen am 29.10.2020).

155 BASF SE: »Ein Unternehmen. Ein Verhaltenskodex. Das BASF Compliance-Programm«, S. 9.

156 Bertelsmann AG: »Code of Conduct: Der Bertelsmann Verhaltenskodex«, S. 21.

157 MAN Gruppe: »Code of Conduct, MAN Gruppe«, S. 46.

158 Müller-Westernhagen, Marius: »Mit Pfefferminz bin ich dein Prinz«; das gleichnamige Album erschien 1978.

159 Deutsche Bank AG: »Unternehmenskultur: Bestandteil der Unternehmensstrategie«, https://www.db.com/cr/de/konkret-kulturwandel.htm (abgerufen am 29.10.2020).

160 Kühl, Stefan: »Das moralisierende

Unternehmen«, Working Paper, 3/2018, S. 3.

161 Bernard, Zoë: »Jeff Bezos' advice to Amazon employees is to stop aiming for work-life ›balance‹ — here's what you should strive for instead«. In: *Business Insider*, 09.01.2019.

5 Psychotalk

162 Fichter, Alina: »Ausatmen«. In: *Süddeutsche Zeitung*, 17.06.2017

163 Höhmann, Ingmar: »Risiken der Achtsamkeit«. In: *Harvard Business Manager*, 1/2017.

164 Wölfli, Marco: »Mit Ruhe in den Sturm«. In: *International Transport Journal*, https://www.transportjournal.com/de/home/news/artikeldetail/calmly-unto-the-storm.html (abgerufen am 31.10.2020).

165 Jahn, Thomas: »Ex-BMW-Manager fordern deutsche Hersteller heraus«. In: *Handelsblatt*, 08.01.2018.

166 Parsoniate GmbH: »Wie fühlt es sich an, Project Manager bei parsoniate zu sein?«, https://parsionate.com/de/jobs/stellenangebote/project-manager-young-professional-mw/ (abgerufen am 31.10.2020).

167 Obermann, Chistof: »Assessment Center«, Wiesbaden 2018, S. 15 f.

168 Ebd.

169 Ebd.

170 Gerth, Steffen: »Schauspieler scheitern schnell«. In: *Manager Magazin*, 24.01.2005.

171 Rettig, Daniel: »Infantile Allmachtsfantasie von Personalern«. In: *Wirtschaftswoche*, 02.02.2009.

172 Der Begriff stammt von dem Soziologen Ulrich Bröckling: »Das unternehmerische Selbst«. Frankfurt a. M. 2007.

173 Siehe auch Bergmann, Jens: »Der Tanz ums Ich«. München 2015, S. 91 f.

174 Das ist das Ergebnis der jüngsten von der Philipps-Universität Marburg durchgeführten Coaching Markt-Analyse: Stephan Michael; Rötz Christian: »Coaching-Marktanalyse 2016/17«, https://www.uni-marburg.de/de/fb02/professuren/bwl/bwl01/forschung/2018-01_coaching_oneline-version.pdf (abgerufen am 31.10.2020).

175 Randt, Andrea: »Finde deine Berufung und starte mit einem starken Unternehmer-Mindset!«, https://andrea-randt.de/berufungfinden/ (abgerufen am 31.10.2020).

176 Windlin, Andrea: »Der Coach – der Begleiter für alle Fälle«. In: *Neue Zürcher Zeitung*, 14.01.2013.

177 Bergman, Jens; Fischer, Gabriele: »Wer stört, gilt als gestört«. In: *brand eins*, 10/2013.

178 Reckwitz, Andreas: »Die Erfindung der Kreativität«. Berlin 2013, S. 10.

179 Ebd., S. 14.

180 Erzbistum München und Freising: »Video-Impuls zum Weißen Sonntag: ›Ja zum Leben sagen‹«,https://www.erzbistum-muenchen.de/news/bistum/Video-Impuls-zum-Weissen-Sonntag-Ja-zum-Leben-sagen-36740.news (abgerufen am 31.10.2020).

181 Kolle, Stefan: »Welchen Sinn haben Kreativ-Awards?«. In: *Handelsblatt*, 26.02.2014.

182 Florida, Richard: »The Rise of the Creative Class«. New York 2002.

183 Siehe Glasauer, Herbert: »Das Phantom der ›Kreativen Klasse‹«. In: *Jahrbuch StadtRegion*, 1/2008, S. 109–114.

184 Trizi, Elpida: »Warum und wie Geschichtenerzählen verbindet?, Blog

der Telekom vom 02.12.2019, https://www.telekom.com/de/blog/konzern/artikel/warum-und-wie-geschichtenerzaehlen-verbindet-587024 (abgerufen am 31.10.2020).

185 KPMG AG: »Unsere Kultur und Werte«, https://home.kpmg/de/de/home/karriere/was-macht-kpmg-besonders/werte-kultur.html (abgerufen am 31.10.2020).

186 Siehe Bergmann, Jens: »Der Tanz ums Ich«. München 2015, S. 94 f.

187 Bördlein, Christoph: »Die NLP-Seite«, http://paedpsych.jk.uni-linz.ac.at/INTERNET/ARBEITSBLAETTERORD/LEHRTECHNIKORD/BoerdleinNLP.html (abgerufen am 31.10.2020).

188 Haupt, Friederike: »Ich bin hart wie Kruppstahl.« In: Frankfurter Allgemeine Sonntagszeitung,10.02.2013.

189 Gielas, Anna: »Der Mensch ist ein zähes Tier«. In: *brand eins*, 11/2014.

190 Ebd.

191 Stellenanzeige der Studitemps GmbH: »Key Account Manager (all gender)«.

192 Gaede, Lars »Wir brauchen eine neue Geisteshaltung«, 29.11.2017, https://www.ottogroupunterwegs.com/blog/blog/posts/Wir-brauchen-eine-neue-Geisteshaltung.php (abgerufen am 31.10.2020).

193 SAP SE: »Biografie Adaire Fox-Martin«, https://www.sap.com/investors/de/governance/executive-board/adaire-fox-martin.html (abgerufen am 31.10.2020).

194 http://www.bbm-erdbau.de/index.php/jobangebote (abgerufen am 6.11.2020).

195 Siehe Bergmann, Jens: »Triumph der Unvernunft«. München 2018, S. 194 f.

196 Mayo, Elton: »Probleme industrieller Arbeitsbeziehungen«. Frankfurt a. M. 1949, S. 114.

6 Nullnachrichten und Sprachunfälle

197 Freitag, Michael: »Volkswagen-Chef Herbert Diess entschuldigt sich für Wortwahl«. In: *Manager Magazin online*, 14.03.2019, https://www.manager-magazin.de/unternehmen/autoindustrie/volkswagen-chef-herbert-diess-ebit-macht-frei-a-1257600.html (abgerufen am 30.10.2020).

198 Afhüppe, Sven, Hofmann, Siegfried: »Stillstand ist keine Option«. In: *Handelsblatt*, 19.08.2019.

199 SPD Enzkreis: »PZ Interview vom 26.07.2019«, https://www.spd-enzkreis.de/meldungen/pz-interview-vom-26-07-2019/ (abgerufen am 29.10.2020).

200 Volksbühne Berlin: »Dazwischen: Ein Gespräch über die Ausweitung des Theaters in Raum und Zeit«, https://www.volksbuehne.berlin/de/programm/4030/dazwischen-ein-gespraech-ueber-die-ausweitung-des-theaters-in-raum-und-zeit/4031 (abgerufen am 29.10.2020).

201 N. N.:»Gerade Family Offices sind Private-Equity-affin«. In: *Private Banking Magazin*, 30.03.2015.

202 N. N.: »Es muss ein Dominostein fallen«. In: *sz.de*, 08.07.2019, https://www.sueddeutsche.de/sport/fc-bayern-rummenigge-hernandez-transfermarkt-1.4516563 (abgerufen am 29.20.2020).

203 Rummenigge, Karl-Heinz: »Ein Marathonlauf mit Hürden«. In: *Kicker*, 23.10.2019.

204 Scheuring, Herbert: »Unterm Strich: Am Endes des Tages«. In: *Main Post*, 17.02.2015.

205 Nandestädt, Christian: »Karl-Heinz

Rummenigge: Ein Blick hinter das Image – und ein Gespräch«, https://texterstexte.com/2017/12/08/image-portrait-gespraech/ (abgerufen am 29.10.2020).
206 Copargo GmbH: »Keine Angst vor Eskalation«, https://copargo.de/prince2/blog/keine-angst-vor-eskalation/ (abgerufen am 31.10.2020).
207 Loy & Hutz Group: »Mit dem Eskalationsmanagement haben Sie alle wichtigen Prozesse im Griff«, https://www.loyhutz.de/individuelle-cafm-software-loesungen/pakete/eskalationsmanagement/ (abgerufen am 31.10.2020).
208 dpa/berk: »Sind Exzellenzunis auch exzellent zum Studieren?«. In: *Süddeutsche Zeitung*, 30.07.2019.
209 Bröckling, Ulrich: »Von den Exzellenzen zur Exzellenz«. In: *Forschung & Lehre*, 5/2009, S. 251.
210 Globaler Markenclaim von DHL.
211 Schneider, Matthias: »Meine Ängste waren meine größten Treiber«. In: *Stern*, 02.05.2019.
212 Hoff, Hans; Hertreiter, Laura: »Wir wollen der Kitt sein«. In: *Süddeutsche Zeitung*, 20.01.2020.
213 Maisch, M.; Osman, Y.: »Warten auf den Umbauplan«. In: *Handelsblatt*, 23.05.2019.
214 Kilb, Andreas; Trinks, Stefan: »War Humboldt Kolonialist?« In: *Frankfurter Allgemeine Zeitung*, 03.01.2019.
215 AOK Bundesverbrand: »Stellungnahme des AOK-Bundesverbandes zur Anhörung des Gesundheitsausschusses am 16.10.2019«, https://www.aok-bv.de/imperia/md/aokbv/positionen/stellungnahmen/aok_stellungnahme_dvg.pdf (abgerufen am 31.10.2020).
216 Pensionskasse der Caritas: »Erhöhtes ›Anfrageaufkommen‹«, 20.09.2019, https://www.pensionskasse-caritas.de/ (abgerufen am 31.10.2020).
217 Sietermann, Rico: »Der Vorstand«, https://www.qfox.de/unternehmen/management-board (abgerufen am 31.10.2020).
218 Ehmann, Hermann: »Ich bin da ganz bei Ihnen!«. München, 2017, S. 65.
219 Anlässlich des vom *Handelsblatt* veranstalteten »Banken-Gipfels« dokumentiert in: Braun, Markus: »Riesiges Potenzial«. In: *Handelsblatt*, 05.09.2019.
220 Ebd.
221 N. N.: »Pastorale Innovationen«, https://www.pastorale-innovationen.de (abgerufen am 31.10.2020).
222 Ackeret, Matthias: »Wir müssen uns ständig selber kannibalisieren«. In: *persönlich*, 09.07.2018, https://www.persoenlich.com/marketing/wir-mussen-uns-standig-selber-kannibalisieren (abgerufen am 31.10.2020).
223 Fasse, Markus; Murphy, Martin: »Die Lage in den Audi-Werken ist ernst – Wird der Passat bald in Ingolstadt gebaut?«. In: *Handelsblatt*, 11.07.2019.
224 Gropp, Martin: »Gekommen, um bald zu liefern«. In: *Frankfurter Allgemeine Zeitung*, 08.01.2019.
225 Gammelin, Cerstin: »Eine unmögliche Verbindung«. In: *Süddeutsche Zeitung*, 07.06.2018.
226 Bauer Patrick: »Bringschuld«. In: *SZ Magazin*, 26/2014.
227 N. N.»IVD – Vorstand im Amt bestätigt«. In: *Sanitärjournal*, 02.12.2019.
228 N. N.: »Messe Düsseldorf 25.–29.06.19 – Wir suchen Dich!«, https://www.promotionbasis.de/1003093-1003093cf8fffd7-messe-duesseldorf-25-29-06-19-wir-suchen-

dich---kommunikative-proaktive-und-motivierte-persoenlichkeiten-gesucht.html (abgerufen am 31.10.2020).

229 Salesforce.com Germany GmbH: »Proaktive Kundenwerbung. Ein Gewinn für alle.«, 17.01.2017, https://www.salesforce.com/de/blog/2016/12/proaktive-kundenbetreuung--ein-gewinn-fuer-alle.html (abgerufen am 31.10.2020).

230 So die Titelzeile auf dem Cover des Magazins *brand eins* im März 2016.

231 N. N.: »Novartis setzt auf Pharma-Konsolidierung«. In: *Handelsblatt*, 23.08.2004.

Vorhang zu und Schluss mit dem Firmentheater

232 Kühl, Stefan: »Sisyphos im Management«. Frankfurt a. M. 2015, S. 67.

233 Laudenbach, Peter: »Real Theater«. In: *brand eins*, 3/2017.

234 Spicer, André: »Business Bullshit«. New York 2018, S. 6 (Übersetzung durch den Autor).

235 Dueck, Gunter: »Managersprache aus dem Satzbaukasten«. In: *faz.net*, 31.1.2018, https://www.faz.net/aktuell/karriere-hochschule/buero-co/die-verquaste-floskelsprache-der-manager-15426728.html (abgerufen am 03.11.2020).

236 Adobe Deutschland: »Adobe Summit EMEA 2019: Einblicke in die Zukunft des Customer Experience Managements«, 15.052019, https://www.adobe-newsroom.de/2019/05/15/adobe-summit-emea-2019-einblicke-in-die-zukunft-des-customer-experience-managements/ (abgerufen am 03.11.2020).

237 Wilhelm, Hannah: »Nix verstehen«. In: *Süddeutsche Zeitung*, 22.07.2011.

238 Wittgenstein, Ludwig: »Tractatus logico-philosophicus«. Frankfurt a. M. 2018, S. 86.

239 Werner, Jürgen: »Die Grenzen meiner Sprache sind die Grenzen meines Erfolgs«. In: *Wirtschaftswoche*, 51/2014.

240 McGregor, Jena: »If you think your job is pointless, it probably is«. In: *Washington Post*, 14.06.2018 (Übersetzung durch den Autor).

241 Ebd.

242 Anton Valukas zit. nach McGregor, Jena: »How jargon hurt the culture at GM«. In: *Washington Post*, 10.06.2014.

243 Blum, Nicole: »Warum eigentlich ›No Bullsh!t‹«, 13.06.2020, https://nobullshit.care/blogs/blog/warum-eigentlich-no-bullsh-t (abgerufen am 03.11.2020).

244 No Bullshit Academy: »Our Programmes Turn Bullshit into Fertiliser«, http://www.nobullshitacademy.com/ (abgerufen am 03.11.2020).

245 GCI Management Consulting GmbH: »No Bullshit Consulting: Wer braucht schon Unternehmensberater?«,19.02.2019, https://blog.gci-management.com/no_bullshit_consulting (abgerufen am 03.11.2020).

246 Honisch, Margarete: »So entwickelst du ein No-Bullshit-Mindset«,13.01.2020, https://fortunalista.de/mindset, Rechtschreibung wie im Original (abgerufen am 03.11.2020).

247 Robust Systems GmbH: »No Bullshit Bingo« https://robustsystems.jimdofree.com/no-bullshit-bingo/ (abgerufen am 03.11.2020).

LITERATURVERZEICHNIS

Bergmann, Jens: »Der Tanz ums Ich«. Pantheon Verlag, München 2015.

Bergmann, Jens: »Triumph der Unvernunft«. DVA, München 2018.

Bröckling, Ulrich: »Das unternehmerische Selbst«. Suhrkamp Verlag, Frankfurt a. M. 2007.

Ehmann, Hermann: »Ich bin da ganz bei Ihnen!« C.H. Beck, München 2017.

Frankfurt, Harry G.: »Bullshit«. Suhrkamp Verlag, Frankfurt a. M. 2006.

Graeber, David: »Bullshit Jobs«. Simon & Schuster Paperbacks, New York 2018.

Kühl, Stefan: »Sisyphos im Management«. Campus Verlag, Frankfurt a. M. 2015.

Majo, Elton: »Probleme industrieller Arbeitsbedingungen«. Verlag der Frankfurter Hefte, Frankfurt a. M. 1949.

Marx, Karl: »Das Kapital, Erster Band«. Dietz Verlag, Berlin 1987.

Nietzsche, Friedrich: »Die fröhliche Wissenschaft«, Bd. 2. Holzinger Verlag, Berlin 1954.

Obermann, Christof: »Assessment Center«. Springer Gabler, 6. Auflage, Wiesbaden 2018.

Pfeffer, Jeffrey: »Leadership BS«. Harper Business, New York 2015.

Pörksen, Uwe: »Plastikwörter«. Klett-Cotta, Stuttgart 1988.

Spicer, André: »Business Bullshit«. Routledge, London 2018.

Spinnen, Burkhard: »Gut aufgestellt«. Herder, Freiburg 2014.

Sprenger, Reinhard: »Mythos Motivation«. Campus Verlag, Frankfurt a. M. 2014.

Wittgenstein, Ludwig: »Tractatus logico-philosophicus«. Suhrkamp Verlag, Berlin 2018.

BULLSHIT-REGISTER

PERSONEN- UND FIRMENREGISTER

D C B A
Bibliographisches Institut GmbH, Mecklenburgische Straße 53, 14197 Berlin

Redaktion Silke Körber, Juliane von Laffert
Herstellung Alfred Trinnes
Layout und Satz Schimmelpenninck.Gestaltung, Berlin
Umschlaggestaltung sauerhöfer design, Neustadt
Umschlagabbildung und Abbildungen im Innenteil Ika Künzel
Druck und Bindung CPI books GmbH, Birkstraße 10, 25917 Leck
Printed in Germany

ISBN 978-3-411-71574-9
Auch als E-Book erhältlich unter: ISBN 978-3-411-91344-2
www.duden.de

PEFC
PEFC/04-31-3011

PEFC zertifiziert
Dieses Produkt stammt aus nachhaltig bewirtschafteten Wäldern und kontrollierten Quellen.
www.pefc.de